Maßmann

Statistik – Prüfungsvorbereitung

Reihe:

Prüfungsvorbereitung mit 100 Aufgaben, Hinweisen und Lösungen

herausgegeben von Professor Dr. Volker Drosse und Professor Dr. Matthias Maßmann

Weitere geplante und lieferbare Titel:

- Buchführung und Bilanzierung
- Kosten- und Leistungsrechnung
- Wirtschaftsmathematik

Matthias Maßmann

Statistik – Prüfungsvorbereitung mit 100 Aufgaben, Hinweisen und Lösungen

HANSER

Autor:

Professor Dr. Matthias Maßmann, Berufsakademie (BA) Rhein - Main

MIX
Papier aus verantwortungsvollen Quellen
FSC www.fsc.org FSC® C014889

Bibliografische Information der Deutschen Nationalbibliothek:
Die Deutsche Nationalbibliothek verzeichnet diese Publikation in der Deutschen Nationalbibliografie; detaillierte bibliografische Daten sind im Internet über http://dnb.d-nb.de abrufbar.

Internet: www.hanser-fachbuch.de

Lektorat: Frank Katzenmayer
Herstellung: Carolin Benedix
Satz: Eberl & Koesel Studio GmbH, Altusried-Krugzell
Titelbild: © shutterstock.com/gualtiero boffi
Covergestaltung: Max Kostopoulos
Coverkonzept: Marc Müller-Bremer, www.rebranding.de, München
Druck und Binden: Friedrich Pustet GmbH & Co. KG, Regensburg
Printed in Germany

Print-ISBN: 978-3-446-46402-5
E-Book-ISBN: 978-3-446-47041-5

Vorwort der Herausgeber

Wirtschaftswissenschaften, Wirtschaftsinformatik, Wirtschaftsingenieurwesen – der Weg bis zum erfolgreichen Studienabschluss ist gepflastert mit einer Vielzahl von Vorlesungen und den unvermeidlichen Klausuren.

Als Dozent wird man in der Phase der Prüfungsvorbereitung im Wesentlichen mit einer Frage konfrontiert: Haben Sie noch mehr Übungsaufgaben? Gefolgt von der Frage: Haben Sie Lösungen?

Diese Buchreihe soll den Studierenden die Möglichkeit geben, sich im Selbststudium auf die Prüfungen vorzubereiten, weil nicht nur Endergebnisse als Lösungen angegeben werden, sondern auch ausführliche Erläuterungen zum Lösungsweg.

Dabei greifen die Autoren auf ihre jahrelange Erfahrung als Dozenten verschiedenster Module an Berufsakademien, Fachhochschulen oder anderen Bildungseinrichtungen zurück. Insgesamt ergibt sich so eine kleine Bibliothek der Übungsaufgaben, die den gesamten Studienverlauf abdeckt.

Rödermark, im September 2021

Volker Drosse

Matthias Maßmann

Inhalt

1 Grundbegriffe

Ziel des ersten Kapitels soll es sein, sich mit den wichtigsten Grundlagen und Begriffen aus dem Bereich der Statistik vertraut zu machen. Hier wird noch nichts gerechnet.

1.1 Aufgaben

Aufgabe 1

Was versteht man unter Statistik?

Aufgabe 2

Was ist eine Grundgesamtheit?

Aufgabe 3

Was ist der Unterschied zwischen den Begriffen Merkmal, Merkmalsträger und Merkmalsausprägung?

Aufgabe 4

Was für unterschiedliche Daten gibt es, und wie werden sie gemessen?

Aufgabe 5

Auf welcher Skala werden die folgenden Merkmale gemessen:

- Anzahl der Kinder
- Geburtsort
- Körpergröße
- Abiturnote

Aufgabe 6

Nennen Sie drei Beispiele für häufbare Merkmale!

Aufgabe 7

Welche der folgenden Merkmale sind stetig, welche diskret?

a) Anzahl der in einer Fabrik hergestellten Zigaretten

b) Länge der in einer Fabrik hergestellten Zigaretten

c) Wasserverbrauch einer Spülmaschine

d) Summe der Augenzahlen zweier Würfel

e) Körpergewicht

Aufgabe 8

Welche Anforderungen muss die Messung von Daten erfüllen, damit man gute und vernünftig interpretierbare Daten erhält?

Aufgabe 9

Welche Möglichkeiten, Daten zu erheben, gibt es?

Aufgabe 10

Welche Methoden der Primärstatistik gibt es?

Aufgabe 11

Bei der beschreibenden Statistik werden alle Elemente der Grundgesamtheit untersucht, bei der schließenden Statistik nur eine Stichprobe. Das Ergebnis letzterer Methode kann natürlich nur mit einer gewissen Unsicherheit auf die Grundgesamtheit übertragen werden. Wann wird man aber trotzdem diese Methode wählen?

Aufgabe 12

Was ist der Unterschied zwischen einer Klumpen- und einer Schichten-Stichprobe?

Aufgabe 13

Was kann man darstellen mit einem

a) Tortendiagramm?

b) Säulendiagramm?

c) Streudiagramm?

1.2 Lösungen

Lösung zu Aufgabe 1

Statistik ist die Gewinnung, Analyse und Darstellung von Informationen in Hinblick auf ein bestimmtes Untersuchungsziel. Somit dient sie als Grundlage für zu treffende Entscheidungen.

Lösung zu Aufgabe 2

Die Grundgesamtheit ist die Menge aller statistischen Elemente, die für das Untersuchungsziel relevant sind. Für sie soll eine Aussage getroffen werden. Die Grundgesamtheit kann sachlich, räumlich und zeitlich abgegrenzt sein (z.B. alle Männer, die innerhalb der letzten 12 Monate in Deutschland einen Rasierer gekauft haben).

Lösung zu Aufgabe 3

Der Merkmalsträger ist das einzelne statistische Element, das untersucht wird. Merkmal ist die interessierende Eigenschaft, und die Ausprägung gibt an, wie die Eigenschaft lautet. Merkmalsträger könnten die Studenten eines Kurses sein, das Merkmal ist die Augenfarbe, und Ausprägungen wären blau, braun oder grün.

Lösung zu Aufgabe 4

Man unterscheidet qualitative, komparative und quantitative Merkmale.

Qualitative Merkmale werden verbal beschrieben. Man sagt, sie werden auf einer nominalen Skala gemessen. Diese Skala hat das niedrigste Niveau, weil man nur unterscheiden kann, ob Merkmalsausprägungen gleich oder unterschiedlich sind.

Komparative Merkmale lassen sich anordnen. Es handelt sich also um Rangfolgen, die natürlich aus den Merkmalsausprägungen gebildet werden können. Die Skala, auf der sie gemessen werden, nennt man ordinal. Die Abstände zwischen den Rängen lassen sich jedoch nicht inhaltlich interpretieren. So wissen wir, dass ein Student, der in der Mathe-Klausur eine 2 geschrieben hat, besser war als einer, der eine 4 geschrieben hat, aber was dieser Abstand der Noten über die Leistungsfähigkeit aussagt, ist nicht klar.

Quantitative Merkmale kann man am gründlichsten analysieren. Sie werden auf einer kardinalen (oder auch metrischen) Skala gemessen, was bedeutet, die Abstände oder Quotienten können berechnet und interpretiert werden (z.B. Einwohnerzahl von Städten). Man sagt, diese Skala hat das höchste Niveau.

Lösung zu Aufgabe 5

- Anzahl der Kinder: Kardinalskala
- Geburtsort: Nominalskala
- Körpergröße: Kardinalskala
- Abiturnote: Ordinalskala.

Lösung zu Aufgabe 6

Man nennt ein Merkmal häufbar, wenn ein Merkmalsträger bezüglich desselben Merkmals gleichzeitig verschiedene Merkmalsausprägungen aufweisen kann.

So könnte eine Person etwa gleichzeitig verschiedene Hobbies, Staatsangehörigkeiten oder Berufe haben. Dass in einer Statistik die Merkmale bei den Merkmalsträgern mehrere Ausprägungen haben können, ist der Grund dafür, dass sich in manchen Statistiken die Anteilswerte auf über 100 % addieren.

Lösung zu Aufgabe 7

a) Die Anzahl kann man zählen, also diskret.

b) Die zufälligen Schwankungen in der Länge der hergestellten Zigarette können unendlich viele Werte annehmen, also stetig.

c) Der Wasserverbrauch kann beliebig fein schwanken, man kann die Anzahl verschiedener Werte also nicht mehr zählen. Darum stetig.

d) Es gibt 11 verschiedene Ergebnisse, also diskret.

e) Wenn wir nur Messungen auf volle kg zulassen, diskret. Wenn beliebig genaue Messungen möglich sind, stetig.

Lösung zu Aufgabe 8

Man fordert Objektivität, Validität und Reliabilität.

Objektiv ist die Messung, wenn das Ergebnis unabhängig von der messenden Person ist. Es gibt also keinen Entscheidungsspielraum oder Beeinflussung.

Valide ist die Messung, wenn sie geeignet ist, die zu untersuchende Fragestellung zu beantworten, wenn also inhaltlich gemessen wird, was gemessen werden soll.

Reliabel ist eine Messung, wenn eine zu einem anderen Zeitpunkt durchgeführte Messung zum selben Ergebnis kommen würde.

Lösung zu Aufgabe 9

Die erste Möglichkeit ist die sogenannte Primärstatistik. Die Daten werden von uns selbst erhoben. Man spricht dabei auch von „field research", weil man selbst raus in die Wildnis gehen muss, um Daten zu bekommen. Vorteil dieser Methode ist die Aktualität der Daten, wir haben selbst die Qualität der Daten in der Hand, und wir können den Fokus der empirischen Erhebung exakt auf die von uns untersuchte Fragestellung setzen.

Zweitens gibt es noch die Sekundärstatistik, genannt „desk research". Hierbei greift man auf Daten zurück, die jemand anders bereits erhoben hat, eventuell zu einem anderen Untersuchungsziel. Dies ist eine kostengünstige und mit keinem großen Aufwand verbundene Methode, bei der wir auf das Know-how von Statistik-Experten zurückgreifen, die möglicherweise eine größere Datenbasis nutzen konnten als wir.

Lösung zu Aufgabe 10

Befragung, Beobachtung, Experiment

Lösung zu Aufgabe 11

Man wird eine Teilerhebung und keine Vollerhebung durchführen, wenn

- der Aufwand für eine Vollerhebung unangemessen hoch wäre, weil die Grundgesamtheit zu groß ist,
- die Grundgesamtheit nicht abgeschlossen ist, etwa bei einer noch laufenden Produktion oder
- die Untersuchung das statistische Objekt unbrauchbar macht.

Lösung zu Aufgabe 12

Beide Vorgehensweisen sind zweistufig.

Bei einer Klumpenstichprobe erfolgt eine Teilerhebung auf der ersten und eine Vollerhebung auf der zweiten Stufe. Beispiel: Für eine Untersuchung aller Studenten der Berufsakademie (Grundgesamtheit) wird ein Kurs ausgewählt (erste Stufe) und in diesem Kurs eine Befragung aller Studenten durchgeführt (zweite Stufe).

Bei einer Schichtenstichprobe erfolgt eine Vollerhebung auf der ersten und eine Teilerhebung auf der zweiten Stufe. Beispiel: Für eine Untersuchung aller Studenten der Berufsakademie (Grundgesamtheit) werden aus jedem Kurs (erste Stufe) 10 % der Studenten (zweite Stufe) befragt.

Lösung zu Aufgabe 13

a) Bei einem Tortendiagramm (auch: Kreisdiagramm oder „pie chart") zeigen die einzelnen Tortenstücke Anteile (meist prozentual gemessen) an einem Ganzen an, etwa die Zusammensetzung eines Gremiums nach verschiedenen soziodemografischen Merkmalen der Mitglieder.

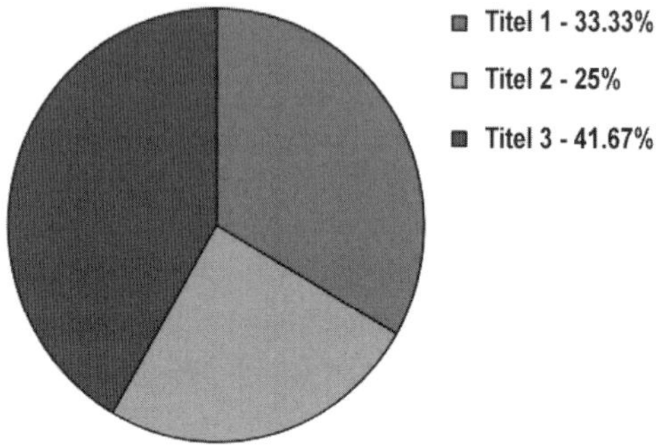

b) Die Höhe der Säulen eignet sich gut zur Darstellung von absoluten (aber auch relativen) Häufigkeiten. Wir kennen diese Darstellung von den Hochrechnungen bei Wahlen.

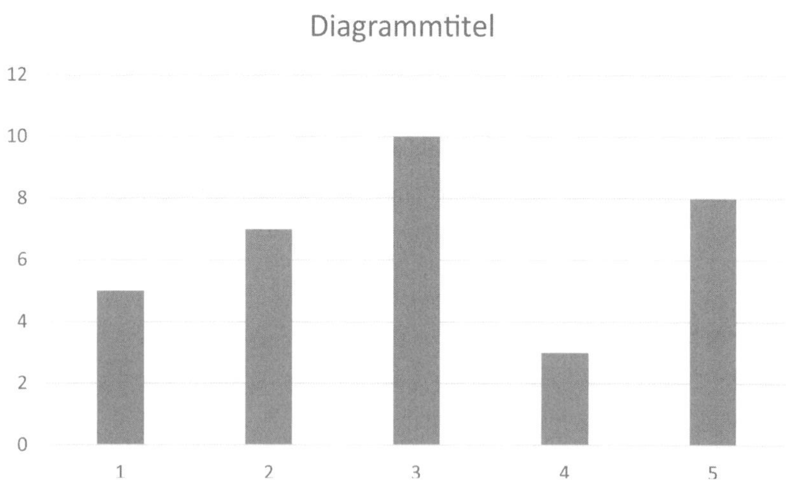

c) Die Merkmalsausprägungen zweier Merkmale lassen sich gut als Punkte in einem Koordinatensystem darstellen (z. B. Schuhgröße/Körpergröße oder Einkommen/Alter).

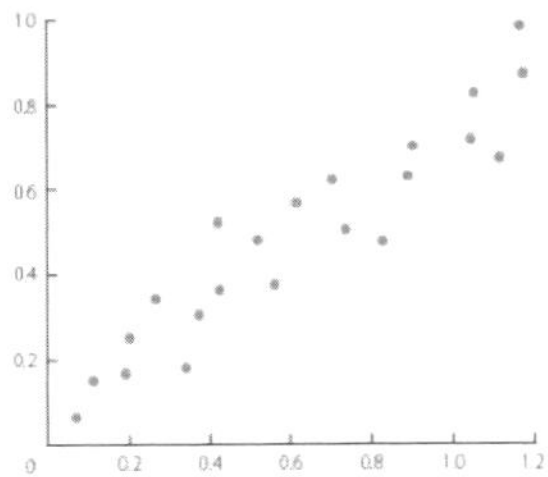

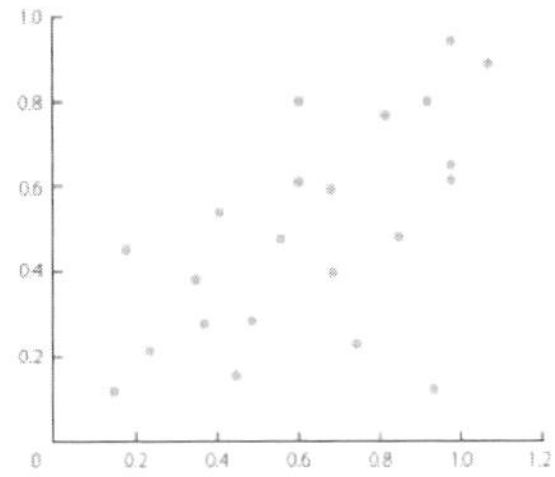

2 Univariate deskriptive Statistik

In diesem Kapitel geht es darum, alle Elemente der Grundgesamtheit auf die Ausprägungen nur eines Merkmals zu untersuchen und entsprechende Kenngrößen zu bestimmen. Man untersucht die Daten auf ihre Lage, Streuung und Konzentration.

Lageparameter sind Mittelwerte (arithmetisch, harmonisch, geometrisch) oder Quantile. Die Streuung führt zu Varianz, Standardabweichung und Variationskoeffizienten. Die Konzentration stellen wir mit der Lorenz-Kurve dar und berechnen den Gini-Koeffizienten.

2.1 Aufgaben

2.1.1 Individualdaten

Bei Individualdaten kennt man von jedem Element in der Statistik die Merkmalsausprägung.

Aufgabe 14

Bestimmen Sie das arithmetische Mittel folgender Werte:

1968/1972/1962/1965/1969

Aufgabe 15

Wir kaufen 500 g Spargel zu einem Kilopreis von 12,00 EUR, 1500 g zu einem Kilopreis von 9,00 EUR und 750 g zu einem Kilopreis von 10,00 EUR. Wieviel haben wir im Schnitt für ein Kilo Spargel bezahlt?

Aufgabe 16

Sind die folgenden Daten eng oder breit gestreut?

12/15/11/7/9/4

Aufgabe 17

Bei einer Messreihe mit 25 der Größe nach geordneten Werten erhielt man das arithmetische Mittel 48, die Varianz 210 und den Median 41. Bei einer nachträglichen Datenkontrolle wurde ein Fehler festgestellt: Der 18. Wert war mit einer Höhe von 60 notiert, tatsächlich aber war die 60 ein Messfehler, der richtige Wert ist 90. Wie lauten Mittelwert, Varianz und Median nach der Korrektur des Fehlers?

Aufgabe 18

a) Sie fahren mit einem Motorrad eine Strecke von 25 km mit einer Geschwindigkeit von 100 km/h, danach weitere 25 km mit einer Geschwindigkeit von 140 km/h, danach weitere 25 km mit einer Geschwindigkeit von 120 km/h. Wie groß war über die ganze Strecke von 75 km gesehen Ihre Durchschnittsgeschwindigkeit?

b) Sie fahren mit einem Motorrad eine halbe Stunde lang mit einer Geschwindigkeit von 100 km/h, danach eine halbe Stunde lang mit einer Geschwindigkeit von 140 km/h, danach eine halbe Stunde lang mit einer Geschwindigkeit von 120 km/h. Wie groß war über die ganze Zeit von 90 min gesehen Ihre Durchschnittsgeschwindigkeit?

Aufgabe 19

Ein Kleinsparer legt 1000,00 EUR für 5 Jahre an. Im ersten Jahr bekommt er 1 % Zinsen. Die Zinsen steigen jedes Jahr um die Hälfte. Wie hoch ist der durchschnittliche jährliche Zinssatz?

Aufgabe 20

In einem Getränkemarkt kann man 12 verschiedene Marken Apfelschorle kaufen (und alle werden in gleichen Mengen gekauft):

Apfelschorle	Saftanteil in Prozent
Adelholzener	50
Appolinaris	55
Bellaris	60
Bizzl	60
Conrad	60
Hassia	60
Heil	70
Lift	55
Müller	60
Pago	70
Rapp's	66
Rosbacher	56

a) Welchen Anteil Apfelsaft enthält eine Schorle im Schnitt?

b) Bestimmen Sie die Quartile und zeichnen Sie den Boxplot!

c) Bestimmen Sie den Variationskoeffizienten!

Aufgabe 21

In den letzten sechs Spielzeiten der Fußball-Bundesliga hat Borussia Dortmund folgende Anzahl an Toren geschossen:

54, 67, 80, 81, 80, 47

Bestimmen Sie das arithmetische Mittel, den Modalwert (Modus), die Spannweite sowie die Varianz und den Variationskoeffizienten. Zeichnen Sie dann den Boxplot.

Aufgabe 22

Laut „Forbes" waren 2013 die zehn erfolgreichsten Models der Welt:

Name	Körpergröße	Gewicht	Einkommen (in Mio. USD)
Gisele Bündchen	1,80 m	57 kg	42
Miranda Kerr	1,75 m	54 kg	7,2
Adriana Lima	1,78 m	56 kg	6
Kate Moss	1,72 m	53 kg	5,7
Liu Wen	1,79 m	50 kg	4,3
Hilary Rhoda	1,80 m	57 kg	4
Carolyn Murphy	1,74 m	58 kg	3,7
Joan Smalls	1,79 m	51 kg	3,5
Candice Swanepoel	1,76 m	55 kg	3,3
Lara Stone	1,78 m	60 kg	3,2

Berechnen Sie die durchschnittliche Körpergröße, das durchschnittliche Gewicht und das durchschnittliche Einkommen der Top-Models!

2.1.2 Klassierte Daten

Im Gegensatz zu den Individualdaten kennt man die Merkmalsausprägungen der einzelnen Elemente nicht, man weiß nur, wie viele Elemente in einer Klasse liegen. Folglich kann man die Parameter nicht so berechnen wie im letzten Abschnitt. Man nimmt an, dass die Werte gleichmäßig in jeder Klasse verteilt sind, daher können wir für das arithmetische Mittel jeden Wert durch die jeweilige Klassenmitte ersetzen.

Aufgabe 23

Ein Statistik-Dozent informiert sich über die Preise von Smartphones. Er macht eine Tabelle:

Preisspanne in EUR	Anzahl
320,00 bis unter 340,00	1
340,00 bis unter 360,00	2
360,00 bis unter 380,00	6
380,00 bis unter 400,00	4
400,00 bis unter 420,00	2

a) Wie hoch ist der Durchschnittspreis?

b) Wie hoch ist die Standardabweichung?

c) Zeichnen Sie den Boxplot! Berechnen Sie dazu vorher alle nötigen Größen!

Aufgabe 24

Ein Großhändler bezieht Güter einer bestimmten Warengruppe in den folgenden Mengen und den (in klassierter Form angegebenen) Einkaufspreisen in EUR:

Einkaufspreise	Mengen
19,00 bis unter 21,00 EUR	15
21,00 bis unter 23,00 EUR	20
23,00 bis unter 27,00 EUR	15
27,00 bis unter 31,00 EUR	5
31,00 bis unter 33,00 EUR	5

a) Berechnen Sie das arithmetische Mittel der Einkaufspreise über alle 60 Güter hinweg. Erläutern Sie zudem, welche Annahme Ihrem Vorgehen zugrunde liegt und ob Ihr Ergebnis exakt oder eine Approximation ist.

b) Zeichnen Sie den Boxplot.

Aufgabe 25

Erstellen Sie für die vorliegende Altersverteilung den Boxplot:

Klasse	18 - 20	20 - 22	22 - 24	24 - 26
Anzahl	30	70	80	20

Aufgabe 26

In der folgenden Tabelle finden Sie das Bruttoinlandsprodukt (in 1000,00 EUR) von acht EU-Ländern (Stand 2008):

Land	Bevölkerung (in Mio.)	BIP pro Kopf (in TEUR)
Belgien	11	32,4
Deutschland	82	30,3
Frankreich	65	30,4
Italien	61,5	26,3
Luxemburg	0,5	75,1
Niederlande	11	36,2
Summe	231	230,7

Bestimmen Sie das durchschnittliche BIP pro Kopf!

2.1.3 Konzentration

Unter der Konzentration der Daten versteht man, ob das Merkmal gleichmäßig unter den Elementen verteilt ist oder nicht. Dazu benötigt man die relativen Anteile und die kumulierten relativen Anteile in Bezug auf die Anzahl der Elemente (die nennen wir f und F) und in Bezug auf das Merkmal (q und Q). Mit diesen Größen kann man als grafische Veranschaulichung die Lorenzkurve zeichnen und als Kenngröße den Gini-Koeffizienten berechnen. Liegen der Statistik nur wenige Werte zugrunde, muss man noch den normierten Gini-Koeffizienten ausrechnen. Hierbei spricht ein Wert in der Nähe von 0 für eine gleichmäßige, in der Nähe von 1 für eine ungleichmäßige Verteilung.

Aufgabe 27

Folgende Tabelle beschreibt die Verteilung des Vermögens in der Bundesrepublik Deutschland:

Bevölkerungsanteil	Vermögensanteil
30%	0%
20%	2%
20%	8%
10%	11%
10%	19%
10%	60%

a) Zeichnen Sie die Lorenzkurve!

b) Bestimmen und interpretieren Sie den Gini-Koeffizienten!

Aufgabe 28

Folgende Tabelle beschreibt die Verteilung des Nettoeinkommens in der Bundesrepublik Deutschland:

Bevölkerungsanteil	Anteil am Gesamteinkommen
30%	15%
20%	15%
20%	20%
20%	25%
10%	25%

a) Zeichnen Sie die Lorenzkurve!

b) Bestimmen und interpretieren Sie den Gini-Koeffizienten!

Aufgabe 29

Folgende Tabelle beschreibt die Umsätze der fünf größten Unternehmen in Deutschland:

Unternehmen	Umsatz in Mrd. EUR
A	108
B	99
C	72
D	68
E	64

a) Zeichnen Sie die Lorenzkurve!

b) Bestimmen und interpretieren Sie den Gini-Koeffizienten!

Aufgabe 30

Der Umsatz der Unternehmen im Güterverkehr eines Jahres ist folgendermaßen auf die verschiedenen Unternehmensgrößen aufgeteilt:

Umsatz (in TEUR)	Anzahl Unternehmen
0 - 100	20420
100 - 250	11796
250 - 500	6673
500 - 1000	4781
1000 - 2000	2716
2000 - 5000	1532
5000 - 25000	630

Die Unternehmen seien in den einzelnen Umsatzklassen gleichmäßig verteilt.

a) Bestimmen Sie den durchschnittlichen Umsatz eines Unternehmens!

b) Ist der Umsatz gleichmäßig verteilt?

2.2 Lösungen

Lösung zu Aufgabe 14

Wir setzen in die Formel ein:

$$\overline{x} = \frac{1}{n}\sum_{j=1}^{n} x_j = 1967{,}2$$

Lösung zu Aufgabe 15

Wir brauchen ein gewichtetes Mittel. Wir gewichten die Preise mit den Mengen, die wir gekauft haben, und teilen durch die Gesamtmenge:

$$\frac{0{,}5\cdot 12 + 1{,}5\cdot 9 + 0{,}75\cdot 10}{0{,}5 + 1{,}5 + 0{,}75} = 9{,}45$$

Also haben wir im Schnitt 9,45 EUR pro Kilo Spargel bezahlt.

Lösung zu Aufgabe 16

Für die Streuung müssen wir den Variationskoeffizienten bestimmen. Dazu brauchen wir vorher das arithmetische Mittel, die Varianz und die Standardabweichung.

$$\overline{x} = \frac{1}{n}\sum_{j=1}^{n} x_j = 9{,}67$$

$$s^2 = \frac{1}{n}\sum_{j=1}^{n} x_j^2 - \overline{x}^2 = 15{,}56$$

Da die Varianz ein quadrierter Wert ist, können wir ihn als Streuungsmaß nicht vernünftig interpretieren. Wir müssen dieses Quadrieren wieder rückgängig machen und erhalten so die Standardabweichung:

$$s = \sqrt{s^2} = 3{,}54$$

Dies wäre so etwas wie der durchschnittliche Abstand aller Werte vom Mittelwert. Ob das allerdings viel oder wenig ist, hängt davon ab, wie groß dieser Mittelwert ist. Und so berechnen wir zuletzt noch den Variationskoeffizienten:

$$v = \frac{s}{\overline{x}} = 0{,}37$$

Das ist schon ein großer prozentualer Abstand der Werte vom Mittelwert, also sind die Daten breit gestreut.

Lösung zu Aufgabe 17

Beim arithmetischen Mittel werden alle Werte addiert und diese Summe durch die Anzahl der Werte dividiert. Bei der Berechnung des Wertes 45 taucht also ein Summand $\frac{60}{25}$ auf. Der ist wegen des Messfehlers ja falsch, eigentlich muss es sich um $\frac{90}{25}$ handeln. Also muss vom berechneten Wert des arithmetischen Mittels der falsche Wert subtrahiert und der richtige Wert addiert werden:

$$x_{neu} = x_{alt} - \frac{60}{25} + \frac{90}{25} = 49{,}2$$

Analog geht man bei der Varianz vor, lediglich die Formel ist etwas komplizierter:

$$s^2 = \frac{1}{n}\sum_{j=1}^{n} x_j^2 - \overline{x}^2$$

Jetzt müssen sowohl ein Wert in der Summe als auch der fehlerhafte Mittelwert korrigiert werden:

$$s_{neu}^2 = s_{alt}^2 - \frac{60^2}{25} + \frac{90^2}{25} + 48^2 - 49{,}2^2 = 273{,}36$$

Sowohl der fehlerhafte als auch der korrigierte Wert befinden sich auf derselben Seite des Medians, daher bleibt er unverändert.

Lösung zu Aufgabe 18

a) Unsere Messgrößen sind Geschwindigkeiten. Geschwindigkeiten sind Quotienten aus Weg geteilt durch Zeit. Bei den gegebenen Geschwindigkeiten ist der jeweils zurückgelegte Weg gleich groß, in der Statistik heißt das, dass die Bezugsgröße im Zähler steht. In diesem Fall benötigt man für die Durchschnittsberechnung das sog. harmonische Mittel. Das ist der Kehrwert aus dem arithmetischen Mittel der Kehrwerte der Ausgangsgrößen:

$$\bar{x}_{harm} = \frac{1}{\frac{1}{n}\sum_{j=1}^{n}\frac{1}{x_j}} = \frac{1}{\frac{1}{3}\left(\frac{1}{100}+\frac{1}{140}+\frac{1}{120}\right)} = 117{,}76$$

b) Hier ist die Bezugsgröße bei der Geschwindigkeit die Zeit, und die steht im Nenner. Der Durchschnitt wird also durch das „normale" arithmetische Mittel berechnet:

$$\bar{x} = \frac{1}{3}\left(100+140+120\right) = 120$$

Lösung zu Aufgabe 19

Die Zinssätze pro Jahr sind: 1 %/1,5 %/2,25 %/3,375 %/5,0625 %

Das Kapital am Ende der Laufzeit ist:

$$K = 1000 \cdot 1{,}01 \cdot 1{,}015 \cdot 1{,}0225 \cdot 1{,}03375 \cdot 1{,}050625$$

Ein durchschnittlicher Zinssatz wäre über die Laufzeit jährlich gleichbleibend, also muss gelten:

$$1{,}01 \cdot 1{,}015 \cdot 1{,}0225 \cdot 1{,}03375 \cdot 1{,}050625 = \left(1+\mathrm{i}\right)^5 \Rightarrow$$

$$1+\mathrm{i} = \sqrt[5]{1{,}01 \cdot 1{,}015 \cdot 1{,}0225 \cdot 1{,}03375 \cdot 1{,}050625} = 1{,}0263$$

Der durchschnittliche Zinssatz wäre also 2,63 %.

Wir ziehen die n-te Wurzel aus einem Produkt aus n Faktoren, das Ganze nennt man das geometrische Mittel.

Lösung zu Aufgabe 20

a) Hierfür berechnen wir das arithmetische Mittel:

$$\bar{x} = \frac{1}{n}\sum_{j=1}^{n} x_j = 60{,}17$$

b) Zur Bestimmung der Quantile müssen die Werte zunächst der Größe nach geordnet werden:

50 55 55 56 60 60 60 60 60 66 70 70

Unter den Quartilen versteht man die Quantile, die die Werte in vier gleichgroße Teile aufteilen, also 25, 50 und 75-Prozent-Quantil:

50 55 55 - 56 60 60 - 60 60 60 - 66 70 70

Die Quartile liegen in unserem Beispiel jeweils zwischen zwei Werten, werden also berechnet als Mittelwert der beiden Nachbarn:

$$\bar{x}_{25} = \frac{55+56}{2} = 55{,}5$$

$$\bar{x}_{50} = \frac{60+60}{2} = 60$$

$$\bar{x}_{75} = \frac{60+66}{2} = 63$$

Für den Boxplot zeichnen wir ein Rechteck, das vom 25- bis zum 75-Prozent-Quantil reicht. In der Mitte markieren wir das 50-Prozent-Quantil, also den Median. Rechts und links an die Box zeichnen wir „Fühler", die bis zum kleinsten bzw. größten Wert reichen:

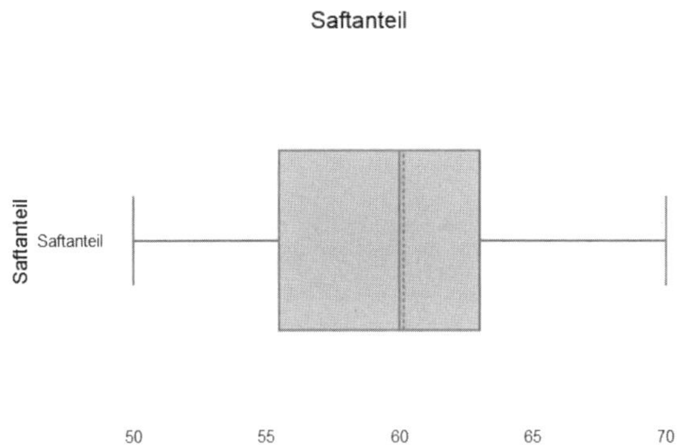

c) Für den Variationskoeffizienten berechnen wir zunächst die Varianz, die den mittleren quadratischen Abstand aller Werte zum Mittelwert darstellt:

$$s^2 = \frac{1}{n}\sum_{j=1}^{n} x_j^2 - \overline{x}^2 = 33{,}47$$

Die Wurzel daraus ist die Standardabweichung:

$$s = \sqrt{s^2} = 5{,}79$$

Standardabweichung geteilt durch Mittelwert ergibt den Variationskoeffizienten:

$$v = \frac{s}{\overline{x}} = 0{,}14$$

Lösung zu Aufgabe 21

Für das arithmetische Mittel addieren wir alle Werte und dividieren durch die Anzahl:

$$\overline{x} = \frac{54+67+80+81+80+47}{6} = 68{,}17$$

Der Modalwert ist der am häufigsten vorkommende Wert, also die 80.

Die Spannweite ist die Differenz aus dem größten und dem kleinsten Wert:

$$d_{sp} = 81 - 47 = 34$$

Für die Varianz bzw. den Variationskoeffizienten gehen wir vor wie in der letzten Aufgabe:

$$s^2 = \frac{1}{n}\sum_{j=1}^{n} x_j^2 - \overline{x}^2 = 182,47$$

$$s = \sqrt{s^2} = 13,51$$

$$v = \frac{s}{\overline{x}} = 0,198$$

Für den Boxplot benötigen wir die Quantile.

Geordnet lauten die Werte: 47 54 67 80 80 81

Der Median liegt zwischen dem dritten und vierten Wert, 25- und 75-Prozent-Quantil sind die Werte, die genau in der Mitte der unteren bzw. oberen Hälfte liegen:

$$\overline{x}_{25} = 54$$

$$\overline{x}_{50} = \frac{67+80}{2} = 73,5$$

$$\overline{x}_{75} = 80$$

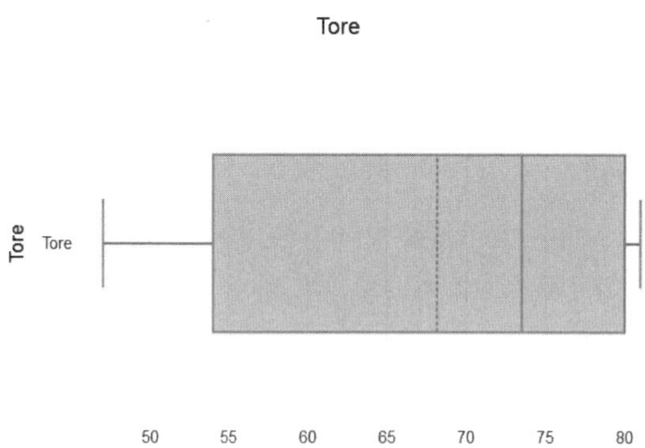

Lösung zu Aufgabe 22

Wenn wir uns die Daten von Körpergröße und Gewicht anschauen, sind die alle recht ähnlich, sodass wir ohne Probleme die arithmetischen Mittel als Durchschnitt berechnen können.

Körpergröße:

$$\overline{x} = \frac{1}{n}\sum_{j=1}^{n} x_j = 1{,}771$$

Gewicht:

$$\overline{x} = \frac{1}{n}\sum_{j=1}^{n} x_j = 55{,}1$$

Beim Einkommen fallen uns doch extrem unterschiedliche Werte auf, die Vermutung, dass es Ausreißer gibt, liegt folglich nahe. Wenn ein Wert mehr als das 1,5-fache des Interquartilsabstands vom 25 %- bzw. 75 %-Quantil entfernt liegt, gilt er als Ausreißer.

Betrachten wir die Werte für das Einkommen der Größe nach, sehen wir, dass der Median zwischen dem 5. und 6. Wert liegt, was bedeutet, dass der 3. Wert das 25 %- und der 8. Wert das 75 %-Quantil ist (jeweils die Mitte der kleineren und größeren Hälfte). Also gilt:

$$\overline{x}_{25} = 6$$

$$\overline{x}_{75} = 3{,}5$$

$$\overline{x}_{75} - \overline{x}_{25} = 2{,}5$$

$$\overline{x}_{25} - 3{,}2 = 0{,}3 < 1{,}5 \cdot 2{,}5$$

$$42 - \overline{x}_{75} = 36 > 1{,}5 \cdot 2{,}5$$

Also ist der größte Wert deutlich ein Ausreißer. Der zweitgrößte vielleicht auch?

$$7{,}2 - \overline{x}_{75} = 1{,}2 < 1{,}5 \cdot 2{,}5$$

Nein, der zweitgrößte liegt dicht genug am 75 %-Quantil.

Da das arithmetische Mittel empfindlich auf Ausreißer reagiert, ist es in diesem Fall als Durchschnittswert ungeeignet. Stattdessen nehmen wir den Median. Da wir eine gerade Anzahl von Werten haben, liegt er zwischen den beiden mittleren Werten:

$$\overline{x}_{50} = \frac{4{,}3+4}{2} = 4{,}15$$

Also wäre das durchschnittliche Einkommen 4,15 Mio. USD.

Lösung zu Aufgabe 23

a) Bei der Berechnung des arithmetischen Mittels wird für jedes Element die Mitte der Klasse genommen, in der dieses Element liegt. Die Summe wird durch die Gesamtzahl der Elemente geteilt.

$$\overline{x} = \frac{1}{15}\left(1\cdot 330 + 2\cdot 350 + 6\cdot 370 + 4\cdot 390 + 2\cdot 410\right) = 375{,}33$$

b) Für die Varianz wird jetzt für jedes Element der quadratische Abstand der Klassenmitten zum in a) bestimmten Mittelwert berechnet und gemittelt. Wir quadrieren dazu die Klassenmitten, multiplizieren sie mit den absoluten Häufigkeiten der Klassen, addieren alles auf, teilen durch die Anzahl der Elemente (nicht der Klassen!) und ziehen das Quadrat des Mittelwertes ab.

$$\begin{aligned} s^2 &= \frac{1}{n}\sum_{i=1}^{m} h_i z_i^2 - \overline{x}^2 \\ &= \frac{1}{15}\left(1\cdot 330^2 + 2\cdot 350^2 + 6\cdot 370^2 + 4\cdot 390^2 + 2\cdot 410^2\right) - 375{,}33^2 \\ &= 451{,}56 \end{aligned}$$

$$s = \sqrt{s^2} = 21{,}25$$

c) Bei der Bestimmung der Quantile geht man in zwei Schritten vor: Zunächst wird die Klasse ermittelt, in der sich das Quantil befindet, und dann wird mittels Dreisatz ausgerechnet, wo innerhalb dieser Klasse das Quantil liegt.

Wir ergänzen die Tabelle um Spalten für die relativen Häufigkeiten der einzelnen Klassen (an den gesamten Werten) und die kumulierten relativen Häufigkeiten.

Preisspanne	Anzahl	rel. Häufigkeit	kumulierte rel. Häufigkeit
320,00 bis unter 340,00	1	0,067	0,067
340,00 bis unter 360,00	2	0,133	0,2
360,00 bis unter 380,00	6	0,4	0,6
380,00 bis unter 400,00	4	0,267	0,867
400,00 bis unter 420,00	2	0,133	1

Wenn wir das 25-Prozent-Quantil suchen, suchen wir in unseren Werten die Stelle mit einer kumulierten relativen Häufigkeit von 0,25. Die befindet sich in der dritten Klasse, die bei einer relativen Häufigkeit von 0,2 startet und bis zu einer relativen Häufigkeit von 0,6 reicht. Vom linken Ende dieser Klasse bis zum 25-Prozent-Quantil fehlen noch 0,05, also berechnen wir per Dreisatz: Eine Intervallbreite von 20 (360 bis 380) entspricht einer relativen Häufigkeit von 0,2, also entspricht eine relative Häufigkeit von 0,05:

$$\frac{0{,}05 \cdot 20}{0.4} = 2{,}5.$$

Das wird zum linken Intervallende 360 addiert, und so erhalten wir als 25-Prozent-Quantil:

$$\overline{x}_{25} = 362{,}5.$$

Das 50-Prozent-Quantil liegt auch in der dritten Klasse, diesmal fehlen vom linken Rand bis hierhin 0,3. Per Dreisatz rechnen wir also:

$$\frac{0{,}3 \cdot 20}{0.4} = 15 \Rightarrow \overline{x}_{50} = 375.$$

Das 75-Prozent-Quantil liegt in der vierten Klasse und liegt 0,15 vom linken Ende entfernt. Per Dreisatz rechnen wir also:

$$\frac{0{,}15 \cdot 20}{0.267} = 11{,}25 \Rightarrow \overline{x}_{75} = 391{,}25.$$

Und so sieht der Boxplot aus:

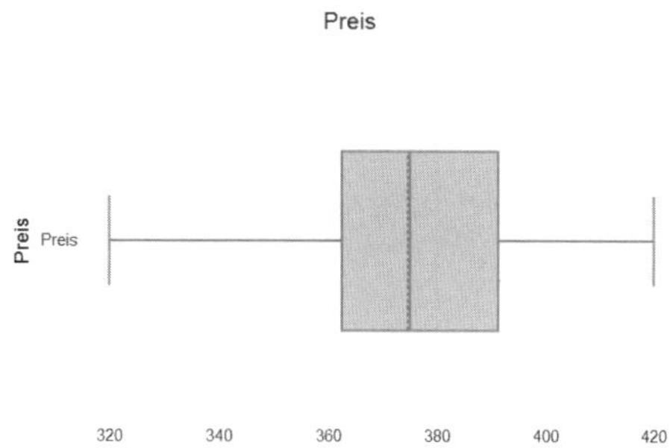

Lösung zu Aufgabe 24

a) Für das arithmetische Mittel multiplizieren wir die Klassenmitten mit der Anzahl der Elemente der Klasse, addieren alles auf und teilen die Summe durch die Anzahl der Elemente:

$$\overline{x} = \frac{1}{60}\left(15 \cdot 20 + 20 \cdot 22 + 15 \cdot 25 + 5 \cdot 29 + 5 \cdot 32\right) = 23{,}67$$

Dieser Rechnung liegt die Annahme zugrunde, dass die Werte gleichmäßig über die Klassen verteilt sind, man bei der Berechnung des Mittelwertes daher statt der einzelnen Werte die Klassenmitten nehmen kann.

b) Die eigentliche Herausforderung ist nicht das Zeichnen, sondern die Bestimmung der benötigten Quantile. Bei der Bestimmung der Quantile geht man wieder in zwei Schritten vor: Zunächst wird die Klasse ermittelt, in der sich das Quantil befindet, und dann wird mittels Dreisatz ausgerechnet, wo innerhalb dieser Klasse das Quantil liegt.

Wir ergänzen wie in der letzten Aufgabe die Tabelle um Spalten für die relativen Häufigkeiten der einzelnen Klassen (an den gesamten Werten) und die kumulierten Häufigkeiten.

Einkaufspreise	Mengen	rel. Häufigkeit	kumulierte rel. Häufigkeit
19,00 bis unter 21,00 EUR	15	0,25	0,25
21,00 bis unter 23,00 EUR	20	0,333	0,583
23,00 bis unter 27,00 EUR	15	0,25	0,833
27,00 bis unter 31,00 EUR	5	0,083	0,9167
31,00 bis unter 23,00 EUR	5	0,083	1

Wir erkennen, dass das 25-Prozent-Quantil das rechte Ende der ersten Klasse ist: $\overline{x}_{25} = 21$.

Das 50-Prozent-Quantil befindet sich in der zweiten Klasse, die bei einer relativen Häufigkeit von 0,25 startet und bis zu einer relativen Häufigkeit von 0,583 reicht. Vom linken Ende dieser Klasse bis zum 50-Prozent-Quantil fehlen noch 0,25, also berechnen wir per Dreisatz: Eine Intervallbreite von 2 (21 bis 23) entspricht einer relativen Häufigkeit von 0,333, also entspricht eine relative Häufigkeit von 0,25: $\frac{0{,}25 \cdot 2}{0.333} = 1{,}5$. Das wird zum linken Intervallende 21 addiert, und so erhalten wir als 50-Prozent-Quantil: $\overline{x}_{50} = 22{,}5$.

Das 75-Prozent-Quantil befindet sich in der dritten Klasse, die bei einer relativen Häufigkeit von 0,583 startet und bis zu einer relativen Häufigkeit von 0,833 reicht. Vom linken Ende dieser Klasse bis zum 75-Prozent-Quantil fehlen noch 0,167, also berechnen wir per Dreisatz: Eine Intervallbreite von 4 (23 bis 27) entspricht einer relativen Häufigkeit von 0,25, also entspricht eine relative Häufigkeit von 0,167: $\frac{0{,}167 \cdot 4}{0.25} = 2{,}67$. Das wird zum linken Intervallende 23 addiert, und so erhalten wir als 75-Prozent-Quantil: $\overline{x}_{75} = 25{,}67$.

Wir erhalten damit folgenden Boxplot:

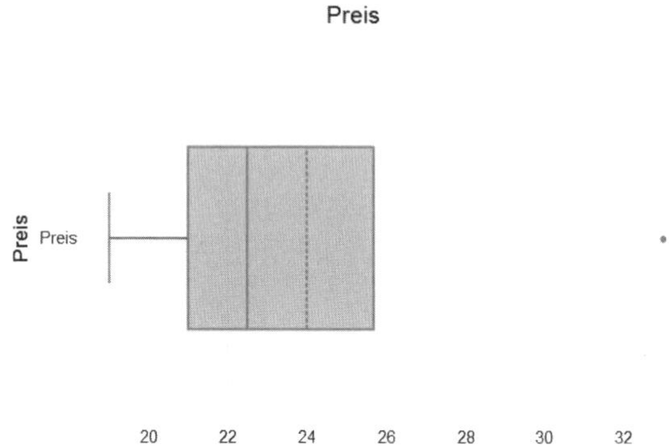

Wir erkennen, dass das rechte Ende der Box nicht mit dem größten Wert 33 verbunden ist. Das liegt daran, dass der Abstand dieses größten Wertes von der Box größer als das 1,5-fache der Breite der Box ist. Ist das der Fall, wird dieser größte Wert als Ausreißer angesehen.

Lösung zu Aufgabe 25

Wir ergänzen die Tabelle um relative und kumulierte relative Häufigkeiten:

Klasse	18 - 20	20 - 22	22 - 24	24 - 26
Anzahl	30	70	80	20
rel. Häufigkeit	0,15	0,35	0,4	0,1
kum. rel. Häufigkeit	0,15	0,5	0,9	1

Das 25-Prozent-Quantil liegt in der zweiten Klasse, und zwar 0,1 vom linken Ende entfernt. Der Dreisatz ergibt: $\frac{0{,}1\cdot 2}{0.35}=0{,}57$. Das wird zum linken Intervallende 20 addiert, und so erhalten wir als 25-Prozent-Quantil: $\overline{x}_{25}=20{,}57$.

Das 50-Prozent-Quantil ist das rechte Ende der zweiten Klasse, denn da haben wir genau eine kumulierte relative Häufigkeit von 0,5: $\overline{x}_{50}=22$.

Das 75-Prozent-Quantil liegt in der dritten Klasse, und zwar 0,25 vom linken Ende entfernt. Der Dreisatz ergibt: $\frac{0{,}25\cdot 2}{0.4}=1{,}25$. Das wird zum linken Intervallende 22 addiert, und so erhalten wir als 75-Prozent-Quantil: $\overline{x}_{75}=23{,}25$.

Der zugehörige Boxplot sieht so aus:

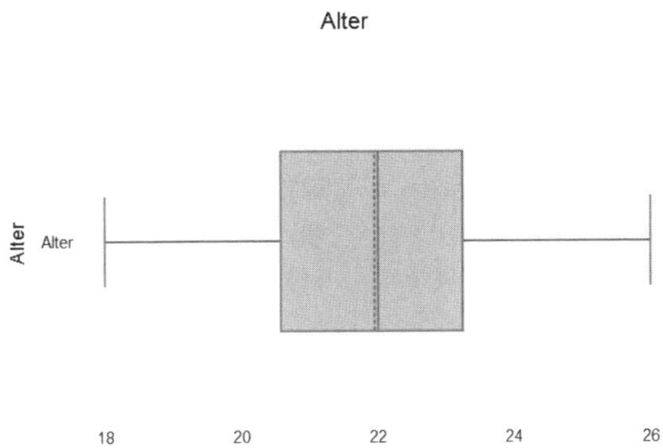

Lösung zu Aufgabe 26

Der erste Impuls wäre, die Summe der Pro-Kopf-BIPs durch die Gesamtbevölkerung zu teilen. Doch das ist falsch.

Wir müssen zunächst das BIP pro Kopf mit der Bevölkerung multiplizieren, um zum Gesamt-BIP zu kommen.

Land	Bevölkerung (in Mio.)	BIP pro Kopf (in TEUR)	BIP (in Mrd EUR)
Belgien	11	32,4	356,5
Deutschland	82	30,3	2484,6
Frankreich	65	30,4	1976
Italien	61,5	26,3	1617,45
Luxemburg	0,5	75,1	37,55
Niederlande	11	36,2	398,2
Summe	231	230,7	6870,3

Jetzt können wir das Gesamt-BIP durch die Gesamtbevölkerung teilen:

$$\frac{6870{,}3}{231} = 29{,}74$$

Das ist das durchschnittliche BIP pro Kopf.

Lösung zu Aufgabe 27

a) Zunächst ergänzen wir die Tabelle um die kumulierten Anteilswerte:

Bevölkerungs-anteil (f)	Kumuliert (F)	Vermögensanteil (q)	Kumuliert (Q)
30 %	0,3	0 %	0
20 %	0,5	2 %	0,02
20 %	0,7	8 %	0,1
10 %	0,8	11 %	0,21
10 %	0,9	19 %	0,4
10 %	1	60 %	1

Für die Lorenzkurve tragen wir und die F- und Q-Werte in ein Koordinatensystem ein und verbinden die Punkte mit Geradenstücken:

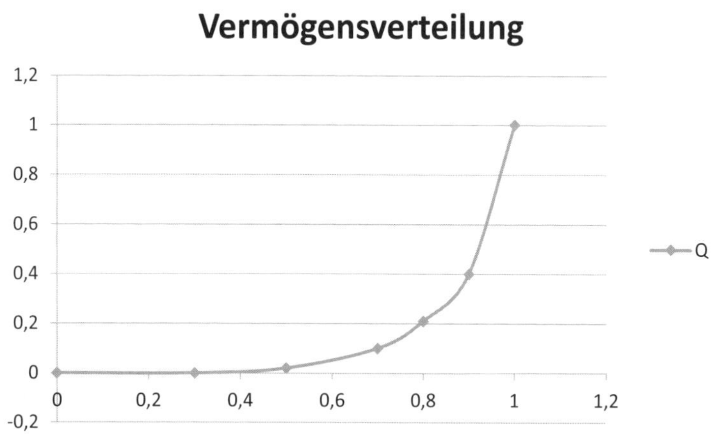

b) Wir berechnen den Gini-Koeffizienten:

$$G = 1 - \sum_{i=1}^{m} f_i \cdot (Q_i + Q_{i-1})$$
$$= 1 - \left(0{,}3 \cdot 0 + 0{,}2 \cdot (0{,}02 + 0) + 0{,}2 \cdot (0{,}1 + 0{,}02) + 0{,}1 \cdot (0{,}21 + 0{,}1)\right.$$
$$\left. + 0{,}1 \cdot (0{,}4 + 0{,}21) + 0{,}1 \cdot (1 + 0{,}4)\right) = 0{,}74$$

Ab ca. 0,7 ist der Gini-Koeffizient nahe an 1, sodass wir sagen würden, das Vermögen ist ungleichmäßig verteilt.

Die Berechnung des normierten Gini-Koeffizienten ist überflüssig, da in unserer Statistik ca. 80 Millionen Elemente enthalten sind (alle Deutschen), also sehr viele.

Lösung zu Aufgabe 28

a) Zunächst ergänzen wir die Tabelle um die kumulierten Anteile:

Bevölkerungs-anteil (f)	Kumuliert (F)	Anteil am Gesamt-einkommen (q)	Kumuliert (Q)
30 %	0,3	15 %	0,15
20 %	0,5	15 %	0,3
20 %	0,7	20 %	0,5
20 %	0,9	25 %	0,75
10 %	1	25 %	1

Daraus ergibt sich folgende Lorenzkurve:

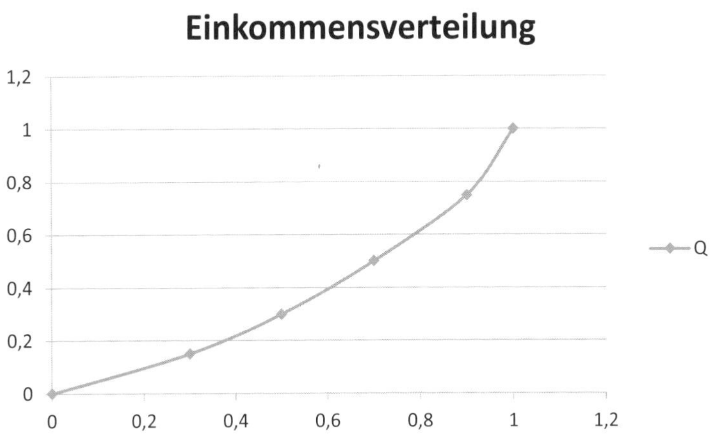

b) Wir berechnen den Gini-Koeffizienten:

$$G = 1 - \sum_{i=1}^{m} f_i \cdot (Q_i + Q_{i-1})$$

$$= 1 - \big(0{,}3 \cdot 0{,}15 + 0{,}2 \cdot (0{,}3 + 0{,}15) + 0{,}2 \cdot (0{,}5 + 0{,}3) + 0{,}2 \cdot (0{,}75 + 0{,}5)$$

$$+ 0{,}1 \cdot (1 + 0{,}75)\big) = 0{,}28$$

Bis ca. 0,3 ist der Gini-Koeffizient nahe an 0, sodass wir sagen würden, das Einkommen ist gleichmäßig verteilt.

Die Berechnung des normierten Gini-Koeffizienten ist überflüssig, da in unserer Statistik ca. 80 Millionen Elemente enthalten sind (alle Deutschen), also sehr viele.

Lösung zu Aufgabe 29

Für beide Aufgabenteile müssen wir zunächst die relativen Anteile bestimmen und dann kumulieren. Es sind fünf Unternehmen, also macht jedes Unternehmen in Bezug auf die Anzahl der Unternehmen 20 Prozent aus. Für den Umsatzanteil berechnen wir zunächst die Summe der Umsätze (411) und teilen dann für jedes Unternehmen seinen Umsatz durch die Gesamtsumme. Außerdem ordnen wir die Unternehmen in der Tabelle vom kleinsten zum größten Wert an.

Unternehmen	Umsatz in Mrd. EUR	f	F	q	Q
E	64	0,2	0,2	0,156	0,156
D	68	0,2	0,4	0,165	0,321
C	72	0,2	0,6	0,175	0,496
B	99	0,2	0,8	0,241	0,737
A	108	0,2	1	0,263	1

a) Aus unserer Tabelle ergibt sich folgende Lorenzkurve:

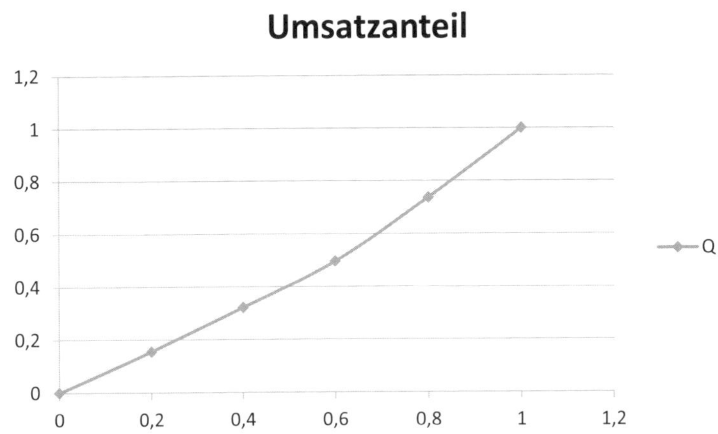

b) Wir berechnen den Gini-Koeffizienten:

$$G = 1 - \sum_{i=1}^{m} f_i \cdot (Q_i + Q_{i-1})$$

$$= 1 - \big(0{,}2 \cdot 0{,}156 + 0{,}2 \cdot (0{,}321 + 0{,}156) + 0{,}2 \cdot (0{,}496 + 0{,}321)$$

$$+ 0{,}2 \cdot (0{,}737 + 0{,}496) + 0{,}2 \cdot (1 + 0{,}737)\big) = 0{,}116$$

Da wir mit fünf Unternehmen nur wenige Elemente in der Statistik haben, müssen wir den normierten Gini-Koeffizienten bestimmen:

$$G_{norm} = \frac{n}{n-1} \cdot G = \frac{5}{4} \cdot 0{,}116 = 0{,}145$$

Dieser Wert ist nahe bei 1, also ist der Umsatz – wie wir bei Betrachtung der Lorenzkurve schon vermutet haben – gleichmäßig verteilt.

Lösung zu Aufgabe 30

a) Es handelt sich um klassierte Daten. Für den durchschnittlichen Umsatz benutzen wir die Formel für das arithmetische Mittel klassierter Daten: Die Anzahl der Elemente jeder Klasse wird mit der Klassenmitte multipliziert, alles addiert und die Summe durch die Anzahl der Elemente (48548) geteilt:

$$\overline{x} = \frac{1}{48548}\big(20420 \cdot 50 + 11796 \cdot 175 + 6673 \cdot 375 + 4781 \cdot 750 + 2716 \cdot 1500$$

$$+1532 \cdot 3500 + 630 \cdot 15000\big)$$

$$= \frac{28059425}{48548} = 577{,}97$$

b) Wir müssen zunächst die Umsätze der einzelnen Klassen ausrechnen (Anzahl der Unternehmen multipliziert mit Klassenmitte), woraus wir mithilfe des Gesamtumsatzes (28059425) den relativen Anteil erhalten. Ebenso bestimmen wir für jede Klasse den relativen Anteil in Bezug auf die Anzahl der Unternehmen.

Umsatz (in TEUR)	Anzahl Unternehmen	Gesamtumsatz	Rel. Anteil q	Kum. rel. Anteil Q	f	F
0 - 100	20420	1021000,00	0,036	0,036	0,421	0,421
100 - 250	11796	2064300,00	0,074	0,11	0,243	0,664
250 - 500	6673	2502375,00	0,089	0,199	0,137	0,801
500 - 1000	4781	3585750,00	0,128	0,327	0,098	0,899
1000 - 2000	2716	4074000,00	0,145	0,472	0,056	0,955
2000 - 5000	1532	5362000,00	0,191	0,663	0,032	0,987
5000 - 25000	630	9450000,00	0,337	1	0,013	1

Jetzt haben wir alles soweit vorbereitet, dass wir die Werte nur noch in die Formel für den Gini-Koeffizienten einsetzen müssen:

$$G = 1 - \sum_{i=1}^{m} f_i \cdot (Q_i + Q_{i-1})$$

$$= 1 - \big(0{,}421 \cdot 0{,}036 + 0{,}243 \cdot (0{,}11 + 0{,}036) + 0{,}137 \cdot (0{,}199 + 0{,}11)$$

$$+ 0{,}098 \cdot (0{,}327 + 0{,}199) + 0{,}056 \cdot (0{,}472 + 0{,}327)$$

$$+ 0{,}032 \cdot (0{,}663 + 0{,}472) + 0{,}013 \cdot (1 + 0{,}663)\big) = 0{,}753$$

Also ist der Umsatz ungleichmäßig verteilt.

3 Bivariate deskriptive Statistik

Untersucht man die Elemente auf zwei Merkmale, ist man hauptsächlich an einer Frage interessiert: Hängen diese beiden Merkmale zusammen oder nicht? Bei nominalskalierten Merkmalen berechnet man dazu den Kontingenzkoeffizienten, bei ordinalskalierten Merkmalen den Rangkorrelationskoeffizienten nach Spearman und bei kardinalskalierten Merkmalen den Korrelationskoeffizienten nach Pearson.

3.1 Aufgaben

3.1.1 Kardinalskalierte Merkmale

Die Stärke des Zusammenhangs zwischen zwei Merkmalen wird durch den Korrelationskoeffizienten nach Pearson angezeigt. Er liegt zwischen -1 und 1, was bedeutet, es gibt positive und negative Korrelation. Positiv ist die Korrelation, wenn der tendenzielle Zusammenhang zwischen den beiden Merkmalen derart ist, dass sie sich in dieselbe Richtung bewegen: Je größer der erste Wert, desto größer (tendenziell) auch der andere. Bei negativer Korrelation ist es genau umgekehrt: Je größer der eine Wert, desto kleiner (tendenziell) auch der andere. Die Stärke des Zusammenhangs wird durch den Betrag des Korrelationskoeffizienten gemessen. Je näher er betragsmäßig an 1 liegt, desto stärker ist der Zusammenhang, je näher an der Null, desto schwächer. Als Grenzen zwischen schwachem, mittlerem und starkem Zusammenhang kann man sich die Werte 0,3 bzw. 0,7 als Daumengröße merken.

Ärgerlich bei der Bestimmung des Pearson-Korrelationskoeffizienten ist, dass er mit dem maximalen Rechenaufwand verbunden ist. Wir benötigen aus dem Kapitel über die univariate Statistik das arithmetische Mittel, die

Varianz und die Standardabweichung (und zwar für beide Merkmale X und Y), dazu kommt dann noch die sogenannte Kovarianz – und dann kann man den Korrelationskoeffizienten bestimmen:

$\overline{x} = \frac{1}{n}\sum_{j=1}^{n} x_j$ arithmetisches Mittel von X

$s_x^2 = \frac{1}{n}\sum_{j=1}^{n} x_j^2 - \overline{x}^2$ Varianz von X

$s_x = \sqrt{s_x^2}$ Standardabweichung von X

$\overline{y} = \frac{1}{n}\sum_{j=1}^{n} y_j$ arithmetisches Mittel von Y

$s_y^2 = \frac{1}{n}\sum_{j=1}^{n} y_j^2 - y^2$ Varianz von Y

$s_y = \sqrt{s_y^2}$ Standardabweichung von Y

$s_{xy} = \frac{1}{n}\sum_{j=1}^{n} x_j y_j - \overline{x}\overline{y}$ Kovarianz von X und Y

$r = \frac{s_{xy}}{s_x \cdot s_y}$ Korrelationskoeffizient nach Pearson

Wenn die Korrelation groß genug ist (heißt, betragsmäßig größer als 0,7), dann kann man die Regressionsgerade bestimmen:

$$\hat{y} = a + bx$$

Hierbei berechnet man die Koeffizienten wie folgt:

$$b = \frac{s_{xy}}{s_x^2}$$

$$a = \overline{y} - b\overline{x}$$

Die Regressionsgerade kann zur Prognose benutzt werden für Werte, die sich nicht in der Statistik befinden. Dazu wird der interessierende x-Wert eingesetzt, um den y-Wert auszurechnen. Wichtig ist, dass die Merkmale in der Statistik so bezeichnet werden, dass die zu prognostizierende Größe y ist.

Die hier aufgeführten Formeln benutzen wir in allen kommenden Aufgaben.

Aufgabe 31

Mithilfe einer Computersimulation wird ein Reaktionstest durchgeführt. Dabei seien die Merkmale:

- X = Alter des Probanden in Jahren
- Y = Reaktionszeit in Sekunden

X	Y
12	7
24	8
36	11
48	14
60	20

a) Berechnen Sie das arithmetische Mittel und den Median von X und das arithmetische Mittel und den Median von Y.

b) Berechnen Sie die Varianz von X und von Y.

c) Berechnen Sie die Kovarianz von X und Y.

d) Berechnen und interpretieren Sie den Korrelationskoeffizienten.

e) Bestimmen Sie die Regressionsgerade.

Aufgabe 32

Die Einwohnerzahl von Rödermark hat sich in den letzten Jahren wie folgt entwickelt (Zahlen jeweils ermittelt am 31.12.):

Jahr X	Einwohner Y
2011	26 297
2012	27 805
2013	26 494
2014	27 158
2015	27 242
2016	27 579
2017	29 139

a) Berechnen Sie die Varianz von X und von Y.

b) Berechnen Sie die Kovarianz von X und Y.

c) Berechnen und interpretieren Sie den Korrelationskoeffizienten.

d) Bestimmen Sie die Regressionsgerade.

e) Wie viele Einwohner hat Rödermark am Ende des Jahres 2018?

Aufgabe 33

In nachfolgendem Bild sehen Sie die Umsätze der Daimler AG der Jahre 2010 bis 2017 (gemessen in Mrd. Euro):

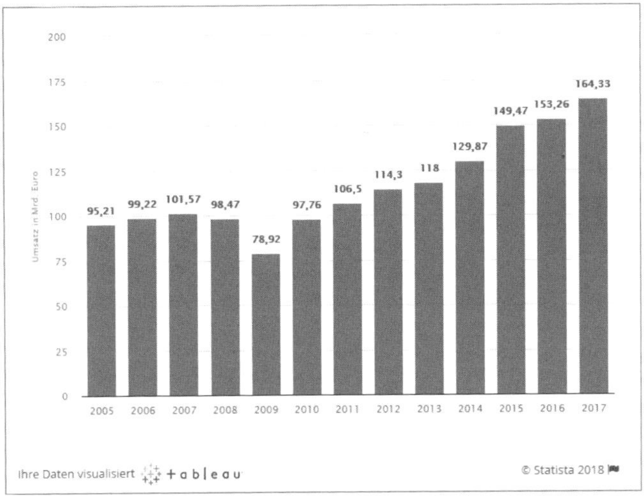

Prognostizieren Sie den Umsatz für das Jahr 2018! (Hinweis: Regression)

Aufgabe 34

Während ihrer „Farbenspiel"-Tournee 2015 trat Helene Fischer in folgenden Städten auf:

Stadt	Einwohner	Besucher
Düsseldorf	590 000	18 000
Rostock	200 000	25 000
Hamburg	1,7 Mio.	72 000
Hannover	510 000	40 000
Frankfurt	690 000	38 000
München	1,4 Mio.	55 000
Köln	1 Mio.	74 000
Stuttgart	600 000	45 000
Gelsenkirchen	260 000	90 000
Nürnberg	500 000	48 000
Leipzig	520 000	74 000
Berlin	3,4 Mio.	130 000
Dresden	520 000	50 000

a) Besteht ein statistisch nachweisbarer Zusammenhang zwischen der Einwohnerzahl einer Stadt und der Anzahl der Konzertbesucher? Begründung!

b) Bremen hat 540.000 Einwohner. Wie viele Zuschauer würden – statistisch gesehen – zu einem Konzert von Helene Fischer kommen?

Tipp: Rechnen Sie in 1000.

Aufgabe 35

Ein Unternehmen möchte den Einfluss seiner Werbeaktivitäten auf den Umsatz herausfinden. Die entsprechenden Daten der letzten fünf Jahre sind:

Werbung in TEUR	Umsatz in 100 000 EUR
11	12
12	10
12	16
13	15
15	25

a) Angenommen, das Unternehmen plant, 14 000,00 EUR für Werbung auszugeben. Mit welchem Umsatz kann das Unternehmen rechnen? (Hinweis: Regressionsgerade)

b) Wie aussagekräftig ist das Ergebnis von a)? (Begründung!)

Aufgabe 36

Aus einem Elternratgeber kann man entnehmen, dass je nach Alter die Höhe des Taschengeldes für das Kind variieren soll:

Alter (Jahre)	Monatliches Taschengeld (EUR)
10	15,00
11	18,00
12	20,00
13	23,00
14	26,00
15	30,00

Ermitteln Sie mithilfe der linearen Regression, wie hoch das monatliche Taschengeld für ein 16-jähriges Kind sein sollte.

Aufgabe 37

Bei fünf Trinkhallen Frankfurts wurde der Preis für eine Flasche Schnaps ermittelt und gefragt, wie viele Flaschen am Vortag verkauft wurden. Die Ergebnisse stehen in folgender Tabelle:

Trinkhalle	Preis (EUR)	Verkaufsmenge (Stück)
1	20,00	1
2	15,00	3
3	15,00	6
4	10,00	9
5	12,00	7

Wie hoch müsste der Verkaufspreis sein, damit 10 Flaschen am Tag verkauft werden?

Aufgabe 38

Die Wahlergebnisse der Parteien und die Wahlbeteiligungen bei den Bundestagswahlen seit 1994 sind in folgender Tabelle (in Prozent) gegeben:

Jahr	Union	SPD	FDP	Grüne	Linke	Sonstige	Wahlbeteiligung
1994	41,5	36,4	6,9	7,3	4,4	3,5	79
1998	35,2	40,9	6,2	6,7	5,1	5,9	82,2
2002	38,5	38,5	7,4	8,6	4	3	79,1
2005	35,2	34,2	9,8	8,1	8,7	4	77,7
2009	33,8	23	14,6	10,7	11,9	6	70,8
2013	41,5	25,7	4,8	8,4	8,6	11	71,5
2017	32,9	20,5	10,7	8,9	9,2	17,6	76,2

Gibt es einen Zusammenhang zwischen der Wahlbeteiligung und dem Ergebnis der Parteien? Bei welcher Partei ist dieser Zusammenhang am stärksten?

Aufgabe 39

Ein bekanntes Model interessiert sich für Statistik und führt Buch über das Alter, in dem sie mit ihren jeweiligen Lebenspartnern zusammenkam, und das, das die entsprechenden Männer zu der Zeit hatten. Es ergibt sich folgende Tabelle:

Alter des Models	Alter des Mannes
24	38
29	33
29	40
30	53
32	42
41	31
45	29

Sie überlegt, ob sich ein statistischer Zusammenhang nachweisen lässt und wenn ja möchte sie spaßeshalber bestimmen, wie alt der Mann wäre, mit dem sie im Alter von 53 zusammenkommen würde.

3.1.2 Ordinalskalierte Merkmale

Bei ordinalskalierten Merkmalen handelt es sich um Rangfolgen oder Platzierungen. Sind alle Plätze eindeutig vergeben, haben wir bei beiden Merkmalen dieselben Ausprägungen in der Statistik – nur in unterschiedlichen Reihenfolgen. Das hat zur Folge, dass die arithmetischen Mittel und die Varianzen gleich sind. Zudem können wir zur Berechnung dieser Größen auf die bekannten Summenformeln zurückgreifen:

$$\sum_{j=1}^{n} j = \frac{n\cdot(n+1)}{2} \Rightarrow \overline{X} = \frac{n+1}{2}$$

$$\sum_{j=1}^{n} j^2 = \frac{n\cdot(n+1)\cdot(2n+1)}{6} \Rightarrow s^2 = \frac{(n+1)\cdot(2n+1)}{6} - \frac{(n+1)^2}{4}$$

Setzt man diese Werte in die Formel für den Pearson-Korrelationskoeffizienten ein und formt ein wenig um, erhält man folgenden Ausdruck, den man den Spearman-Rangkorrelationskoeffizienten nennt:

$$r_{Sp} = 1 - \frac{6}{n\cdot(n^2-1)}\sum_{j=1}^{n}(x_j - y_j)^2$$

Im Gegensatz zum Pearson-Korrelationskoeffizienten müssen wir jetzt also nicht erst eine Reihe von Größen ausrechnen, aus denen wir dann schließlich und endlich die Korrelation erhalten, sondern wir haben eine Formel, in die wir direkt die Werte aus unserer Statistik einsetzen können.

Ist nur eins der Merkmale ordinalskaliert, wandelt man das andere Merkmal in eine Rangfolge um, sodass man den Spearman anwenden kann. Die Information über die Abstände geht dabei jedoch verloren. Kommen Ränge mehrfach vor, werden die zu vergebenden Plätze gleichmäßig auf die Elemente aufgeteilt (wir werden in den Aufgaben sehen, was das heißt).

Aufgabe 40

Bei einem Leichtathletik-Wettbewerb gibt es die Disziplinen 100 m- und 200 m-Sprint. Die Platzierungen entnehmen Sie folgender Tabelle:

Teilnehmer	Platz 100 m	Platz 200 m
A	1	1
B	3	2
C	2	4
D	6	6
E	4	5
F	5	3

Hängt der Erfolg in der einen Disziplin mit dem Erfolg in der anderen Disziplin zusammen?

Aufgabe 41

In nachfolgender Tabelle stehen die sieben Erstplatzierten im 100 m-Freistilschwimmen der Männer bei den olympischen Spielen 2016 samt ihrer Körpergröße:

Platz	Name	Körpergröße (cm)
1	Chalmers	193
2	Timmers	200
3	Adrian	198
4	Condorelli	188
5	Scott	190
6	Dressel	191
7	McEvoy	185

Hängt der sportliche Erfolg mit der Körpergröße zusammen?

Aufgabe 42

Den ersten sieben Plätzen des UEFA-Rankings von 2021 sei einmal die Anzahl der Fußballvereine in den jeweiligen Ländern gegenübergestellt:

Platz	Land	Anzahl Fußballvereine (in 1000)
1	England	42,5
2	Spanien	18,1
3	Italien	16,1
4	Deutschland	25,8
5	Frankreich	18,8
6	Portugal	2,3
7	Niederlande	3,4

Hat der Erfolg mit der Anzahl der Vereine zu tun?

Aufgabe 43

Auf den ersten fünf Plätzen der Rangliste deutscher Tennisspielerinnen befanden sich 2011:

Platzierung	Name	Körpergröße
1	Angelique Kerber	1,73 m
2	Mona Barthel	1,85 m
3	Julia Görges	1,80 m
4	Sabine Lisicki	1,78 m
5	Andrea Petkovic	1,80 m

Der Sportexperte Dr. Groß vertritt die Auffassung, dass Tennisspielerinnen umso erfolgreicher sind, je größer sie sind, weil sie von weiter oben den Ball beim Aufschlag besser platzieren können. Dem widerspricht der Physiker Prof. Klein, der im Gegenteil der Meinung ist, kleinere Spielerinnen sind erfolgreicher, weil sie beim Schlag kurzfristiger die Richtung des Balles verändern können. Welche Meinung vertritt ein Statistiker? (Begründung!)

Aufgabe 44

Auf den ersten zehn Plätzen der Fahrer-WM-Wertung der Formel 1-Saison 2013 (lang lang ist's her) lagen:

Platzierung	Name	Körpergröße
1	Sebastian Vettel	1,76 m
2	Fernando Alonso	1,71 m
3	Mark Webber	1,84 m
4	Lewis Hamilton	1,74 m
5	Kimi Raikkönen	1,75 m
6	Nico Rosberg	1,78 m
7	Romain Grosjean	1,80 m
8	Felipe Massa	1,66 m
9	Jenson Button	1,82 m
10	Nico Hülkenberg	1,84 m

a) Lassen sich Ausreißer identifizieren? Begründung!

b) Besteht ein statistisch nachweisbarer Zusammenhang zwischen Körpergröße und sportlichem Erfolg?

Aufgabe 45

Nachfolgend seien aufgeführt die sechs europäischen Länder mit dem Anteil des BIP, der für Bildung ausgegeben wird, und dem mittleren verfügbaren Jahreseinkommen:

Land	Bildungsausgaben (% BIP)	Verf. Einkommen (EUR)
Norwegen	6,7	28 875
UK	6,3	17 369
Frankreich	5,2	20 452
Spanien	4,3	15 514
Deutschland	4,2	21 215
Italien	3,9	16 458

Besteht ein Zusammenhang zwischen den Bildungsausgaben und dem verfügbaren Einkommen?

Aufgabe 46

Die sechs erstplatzierten Teilnehmerinnen am Wettbewerb „Germany's Next Topmodel" im Jahr 2013 waren:

Platz	Name	Körpergröße	Alter
1	Lovelyn Enebecki	1,78 m	16
2	Maike van Grieken	1,76 m	19
3	Luise Wik	1,83 m	18
4	Sabrina Elsner	1,77 m	21
5	Anna Maria Damm	1,76 m	16
6	Maria Czuczman	1,83 m	16

a) Sind die Werte für die Körpergröße und das Alter eng oder breit gestreut? Begründen Sie jeweils mit geeigneten Kenngrößen!

b) Hängt der Erfolg bei diesem Wettbewerb statistisch eher mit der Körpergröße oder mit dem Alter der Teilnehmerinnen zusammen? Begründen Sie Ihre Wahl der Kenngröße, mit der Sie das herausfinden!

Aufgabe 47

Nachfolgend finden Sie die Etats für Spielergehälter der Fußball-Bundesliga-Clubs in der Saison 2011/12:

Bayern München - 100 Mio	Schalke 04 - 60 Mio
VfL Wolfsburg - 50 Mio	VfB Stuttgart - 49 Mio
Borussia Dortmund - 41 Mio	Werder Bremen - 40 Mio
Bayer Leverkusen - 39 Mio	Hamburger SV - 35 Mio
TSG Hoffenheim - 30 Mio	Bor. Mönchengladbach - 28 Mio
Hannover 96 - 27 Mio	1. FC Köln - 26 Mio
Hertha BSC - 25 Mio	Mainz 05 - 23 Mio
1. FC Nürnberg - 20 Mio	FC Augsburg - 16 Mio
1. FC Kaiserslautern - 15 Mio	SC Freiburg - 14 Mio

Die Abschlusstabelle dieser Saison lautete:

Borussia Dortmund
Bayern München
Schalke 04
Bor. Mönchengladbach
Bayer Leverkusen
VfB Stuttgart
Hannover 96
VfL Wolfsburg
Werder Bremen
1. FC Nürnberg
TSG Hoffenheim
SC Freiburg
Mainz 05
FC Augsburg
Hamburger SV
Hertha BSC
1. FC Köln
1. FC Kaiserslautern

Lässt sich die oft gehörte These, dass man sich sportlichen Erfolg kaufen kann, statistisch belegen?

3.1.3 Nominalskalierte Merkmale

Bei nominalskalierten Merkmalen stellt man die Ausprägungen der beiden Merkmale in einer Tabelle gegenüber. So haben wir I Ausprägungen in den Zeilen, jeweils bezeichnet mit i, und J Ausprägungen in den Spalten, jeweils bezeichnet mit j. In die Tabelle tragen wir jeweils die absoluten Häufigkeiten der Elemente ein, die die Ausprägungen i und j haben. Durch Addition der Zeilenwerte bzw. Spaltenwerte erhalten wir die sogenannten Randverteilungen. Die Randverteilung der i-ten Zeile h_i multipliziert mit der Randverteilung der j-ten Spalte h_j dividiert durch n, die Anzahl der Werte in unserer Statistik, ergibt die theoretische Häufigkeit der gleichzeitigen Ausprägung i und j, wenn die beiden Merkmale unabhängig voneinander sind:

$$t_{ij} = \frac{h_i \cdot h_j}{n}$$

Der Chi-Quadrat-Wert χ^2 misst die mittlere relative quadratische Abweichung zwischen dem tatsächlichen Wert h_{ij} und dem theoretischen Wert t_{ij}:

$$\chi^2 = \sum_{i=1}^{I}\sum_{j=1}^{J}\frac{\left(h_{ij} - t_{ij}\right)^2}{t_{ij}}$$

Mit diesem Wert bestimmt man den Kontingenzkoeffizienten C:

$$C = \sqrt{\frac{\chi^2}{\chi^2 + n}}$$

Versehen mit einem Korrekturfaktor erhält man einen auf den Bereich zwischen 0 und 1 normierten Wert:

$$C_{korr} = C \cdot \sqrt{\frac{\min(I,J)}{\min(I,J) - 1}}$$

Je näher dieser Wert an 0 liegt, desto stärker ist die Unabhängigkeit der Merkmale voneinander, je näher dieser Wert an 1 liegt, desto größer ist der Zusammenhang zwischen den Merkmalen.

Aufgabe 48

Eine Hochschule bietet die Studiengänge BWL und Wirtschaftsinformatik an. Die weiblichen und männlichen Studienanfänger des Jahres 2020 teilen sich wie folgt auf:

Studiengang	Männlich	Weiblich
WI	57	7
BWL	58	42

Gibt es einen Zusammenhang zwischen der Wahl des Studiengangs und dem Geschlecht?

Aufgabe 49

Auf der „Titanic“ gab es Kabinen erster, zweiter und dritter Klasse. Hatte das Überleben der Passagiere damit zu tun, in welcher Klasse sie untergebracht waren? Die Aufteilung der Überlebenden bzw. der bei dem Untergang Getöteten auf die drei Klassen ist folgender Tabelle zu entnehmen:

	getötet	überlebt
Erste Klasse	123	201
Zweite Klasse	159	118
Dritte Klasse	527	181

Aufgabe 50

Für eine Studie wurde eine Gruppe von 1000 Frauen und Männern zu ihrem Rauchverhalten befragt. Das Ergebnis der Befragung entnehmen Sie der Tabelle:

	Raucher	Nichtraucher
Männer	130	363
Frauen	94	413

Gibt es einen Zusammenhang zwischen dem Geschlecht und dem Rauchverhalten?

Aufgabe 51

Eine Gruppe von 1000 Kandidaten wird auf ihre Haar- und Augenfarbe untersucht, ob es einen Zusammenhang gibt. Das Ergebnis der Untersuchung kann man folgender Tabelle entnehmen:

	blau	grau	grün	braun	anders
blond	2070	170	1020	440	800
braun	540	70	590	1240	560
schwarz	130	0	320	1860	190

3.2 Lösungen

Lösung zu Aufgabe 31

Es gibt nicht viel zu erklären, nur Werte auszurechnen:

a) $\overline{x} = 36 \quad \overline{y} = 12 \quad \overline{x}_{50} = 36 \quad \overline{y}_{50} = 11$

b) $s_x^2 = 288 \quad s_y^2 = 22$

c) $s_{xy} = 76{,}8$

d) starke positive Korrelation $r = 0{,}9648$

e) $b = 0{,}2667 \quad a = 2{,}4 \quad \hat{y} = 2{,}4 + 0{,}2667x$

Lösung zu Aufgabe 32

Nach den oben genannten Formeln ergibt sich:

a) $\overline{x} = 2014 \quad \overline{y} = 27387{,}71 \quad s_x^2 = 4 \quad s_y^2 = 762871{,}92$

b) $s_{xy} = 1260{,}29$

c) starke positive Korrelation $r = 0{,}72$

d) $b = 315{,}07 \quad a = -607166{,}14 \quad \hat{y} = -607166{,}14 + 315{,}07x$

e) Wir müssen für $x = 2018$ in die Regressionsgerade einsetzen und erhalten als Schätzwert: $\hat{y} = 28648$

Lösung zu Aufgabe 33

Zur Bestimmung der Regressionsgeraden benötigen wir folgende Größen:

$$\overline{x} = 2013{,}5 \quad \overline{y} = 129{,}19$$

$$s_x^2 = 5{,}25 \quad s_{xy} = 51{,}07$$

Damit erhalten wir:

$$b = 9{,}73 \quad a = -19458{,}57 \quad \hat{y} = -19458{,}57 + 9{,}73x$$

Für x setzen wir das Jahr 2018 ein und erhalten als Prognosewert:

$$\hat{y} = 172{,}96$$

(Es war in der Aufgabe nicht gefordert, aber wenn wir den Korrelationskoeffizienten von 0,99 betrachten, ist das Ergebnis dieser Prognose brauchbar.)

Lösung zu Aufgabe 34

Wenn wir in 1000 rechnen (also in der Tabelle alle Werte durch 1000 teilen), erhalten wir kleinere und übersichtlichere Werte.

a) Wir müssen den Pearson-Korrelationskoeffizienten bestimmen. Also auf geht's:

$$\overline{x} = 914{,}62 \quad \overline{y} = 58{,}38 \quad s_x^2 = 682917{,}16 \quad s_y^2 = 820{,}70 \quad s_{xy} = 17102{,}07$$

Daraus erhalten wir einen Korrelationskoeffizienten von $r = 0{,}72$, also eine starke positive Korrelation.

b) Da die Korrelation groß genug ist, können wir die Gleichung der Regressionsgerade bestimmen:

$$b = 0{,}025 \quad a = 35{,}48 \quad \hat{y} = 35{,}48 + 0{,}025x$$

Für x setzen wir die Einwohnerzahl 540 ein (wir rechnen ja in Tausendern!) und erhalten als Prognosewert: $\hat{y} = 49$, man rechnet also mit einer Zuschauerzahl von rund 49 000.

Lösung zu Aufgabe 35

a) Zur Bestimmung der Regressionsgeraden benötigen wir folgende Größen:

$\overline{x} = 12{,}6 \quad \overline{y} = 15{,}6$

$s_x^2 = 1{,}84 \quad s_{xy} = 6{,}24$

Damit erhalten wir:

$b = 3{,}39 \quad a = -27{,}13 \quad \hat{y} = -27{,}13 + 3{,}39x$

Für x setzen wir das Werbebudget 14 ein und erhalten als Prognosewert: $\hat{y} = 20{,}35$

b) Damit das Ergebnis aus a) eine brauchbare Prognose darstellt, muss die Korrelation stark sein. Um das zu überprüfen, müssen wir den Pearson-Korrelationskoeffizienten ausrechnen. Zusätzlich zu den Werten aus a) benötigen wir dazu noch die Varianz von y:

$s_y^2 = 26{,}64$

Aus den Varianzen ziehen wir die Wurzeln und bestimmen den Korrelationskoeffizienten:

$$r = \frac{s_{xy}}{s_x \cdot s_y} = 0{,}89$$

Es handelt sich also um eine starke positive Korrelation, unsere Prognose von a) ist also in Ordnung.

Lösung zu Aufgabe 36

Zur Bestimmung der Regressionsgeraden benötigen wir folgende Größen:

$\overline{x} = 12{,}5 \quad \overline{y} = 22$

$s_x^2 = 2{,}92 \quad s_{xy} = 8{,}5$

Damit erhalten wir:

$$b = 2{,}91 \quad a = -14{,}43 \quad \hat{y} = -14{,}43 + 2{,}91x$$

Für x setzen wir das Alter 16 ein und erhalten als Prognosewert: $\hat{y} = 32{,}2$.

(Der Korrelationskoeffizient von 0,995 bestätigt, dass unser Ansatz in Ordnung ist.)

Lösung zu Aufgabe 37

Auch hier bestimmen wir wieder die Regressionsgerade:

$$\overline{x} = 14{,}4 \quad \overline{y} = 5{,}2$$

$$s_x^2 = 11{,}44 \quad s_{xy} = -9{,}08$$

Damit erhalten wir:

$$b = -0{,}79 \quad a = 16{,}63 \quad \hat{y} = 16{,}63 - 0{,}79x$$

Für x setzen wir die Menge von 10 Flaschen ein und erhalten als Prognosewert: $\hat{y} = 8{,}69$.

(Der Korrelationskoeffizient von - 0,94 bestätigt, dass unser Ansatz in Ordnung ist.)

Wir haben es hier übrigens endlich einmal mit einem Beispiel mit negativer Korrelation zu tun: Je höher der Preis, desto niedriger ist die verkaufte Menge.

Lösung zu Aufgabe 38

Die Vorgehensweise ist mittlerweile klar: Wir müssen für jede Partei die Korrelation zwischen den Wahlergebnissen und den Wahlbeteiligungen ausrechnen. Die Formeln sind bekannt, hier die Ergebnisse:

- Union: r = - 0,0027
- SPD: r = 0,8281
- FDP: r = -0,4261
- Grüne: r = - 0,7994

- Linke: r=-0,8120
- Sonstige: r= - 0,3541

Starke Korrelation gibt es bei den Parteien des linken Spektrums, wobei interessanterweise die Korrelation bei der SPD positiv, bei Grünen und Linken negativ ist. Heißt: Die SPD hofft auf eine hohe Wahlbeteiligung, Grüne und Linke eher nicht.

Lösung zu Aufgabe 39

Wenn wir die komplette Statistik zugrunde legen, ergibt sich beim Alter der Männer keine klare Tendenz. Die stellt sich aber ab dem 4. Wert ein. Wir berechnen also die Korrelation nicht für alle Werte, sondern nur ab dem Moment, wo wir eine Tendenz entdecken.

Ab dem 4. Wert ergibt sich:

$$\overline{x} = 37 \quad \overline{y} = 38{,}75 \quad s_x^2 = 38{,}5 \quad s_y^2 = 92{,}19 \quad s_{xy} = -56{,}25$$

Daraus ergibt sich ein Korrelationskoeffizient von r= - 0,94.

Die Altersprognose führen wir mit einer Regression durch:

$$b = -1{,}46 \quad a = 92{,}81 \quad \hat{y} = 92{,}81 - 1{,}46x$$

Hier setzen wir jetzt das Alter von x=53 ein und erhalten eine Prognose von: $\hat{y} = 15{,}37$

Lösung zu Aufgabe 40

Ob Merkmale zusammenhängen, klären wir mit dem Korrelationskoeffizienten. Da es sich bei beiden Merkmalen um Platzierungen handelt, nehmen wir den Spearmanschen Rangkorrelationskoeffizienten.

$$r_{Sp} = 1 - \frac{6}{n \cdot \left(n^2 - 1\right)} \sum_{j=1}^{n} \left(x_j - y_j\right)^2 = 1 - \frac{6}{6 \cdot 35} \cdot \left(0 + 1 + 4 + 0 + 1 + 4\right) = \frac{5}{7} = 0{,}714$$

Ab einem Wert von etwa 0,7 können wir auf einen starken Zusammenhang schließen.

Lösung zu Aufgabe 41

Von den beiden relevanten Merkmalen ist nur eines eine Platzierung. Das andere ist die kardinalskalierte Körpergröße. Eigentlich müssten wir also den Pearson-Korrelationskoeffizienten ausrechnen. Wir können aber auch die Körpergrößen durchnummerieren und so eine Rangfolge der Körpergrößen schaffen:

Platz	Name	Körpergröße (cm)	Rang
1	Chalmers	193	3
2	Timmers	200	1
3	Adrian	198	2
4	Condorelli	188	6
5	Scott	190	5
6	Dressel	191	4
7	McEvoy	185	7

Jetzt können wir wieder den Spearman nehmen:

$$r_{Sp} = 1 - \frac{6}{n \cdot \left(n^2 - 1\right)} \sum_{j=1}^{n} \left(x_j - y_j\right)^2 = 1 - \frac{6}{7 \cdot 48} \cdot \left(4 + 1 + 1 + 4 + 0 + 4 + 0\right)$$

$$= \frac{3}{4} = 0{,}75$$

Wir würden also auf einen starken Zusammenhang zwischen Körpergröße und Erfolg schließen: Je größer ein Schwimmer ist, desto erfolgreicher ist er.

Wir haben bei der Nummerierung der Körpergrößen der größten die Nummer 1 gegeben und damit unterstellt, dass je größer ein Sportler ist, desto größer auch der Erfolg ist – was ja der Korrelationskoeffizient auch bestätigt hat. Doch wie hätte es ausgesehen, wenn wir mit der kleinsten Körpergröße angefangen hätten? Probieren wir es aus!

Platz	Name	Körpergröße (cm)	Rang
1	Chalmers	193	5
2	Timmers	200	7
3	Adrian	198	6
4	Condorelli	188	2
5	Scott	190	3
6	Dressel	191	4
7	McEvoy	185	1

Der Spearman wäre nun:

$$r_{Sp} = 1 - \frac{6}{n \cdot \left(n^2 - 1\right)} \sum_{j=1}^{n} \left(x_j - y_j\right)^2$$

$$= 1 - \frac{6}{7 \cdot 48} \cdot \left(16 + 25 + 9 + 4 + 4 + 4 + 36\right) = -\frac{3}{4} = -0{,}75$$

Wir bekommen betragsmäßig die gleiche Korrelation heraus, nur mit dem entgegengesetzten Vorzeichen. Der Betrag sagt etwas aus über die Stärke des Zusammenhangs zwischen den Merkmalen, und der ist gleich. Logisch! Der Stärke des Zusammenhangs ist es doch egal, wie herum wir nummerieren! Das negative Vorzeichen sagt, dass die Nummer, die wir dem kleinsten Körpergewicht gegeben haben (1), tendenziell eben nicht zur Nummer 1 des anderen Merkmals (beste Platzierung) passt. Die Interpretation des Rangkorrelationskoeffizienten an dieser Stelle wäre also: Je kleiner ein Schwimmer ist, desto erfolgloser ist er – was inhaltlich dasselbe aussagt wie unser positiver Korrelationskoeffizient bei der umgekehrten Nummerierung.

Wenn man also aus einem kardinal skalierten Merkmal durch Vergabe von Rängen ein ordinal skaliertes Merkmal machen möchte, ist die Reihenfolge der Nummerierung egal. Man muss nur bei der Interpretation des Rangkorrelationskoeffizienten aufpassen.

Lösung zu Aufgabe 42

Da das eine Merkmal eine Platzierung darstellt, vergeben wir auch für das andere Merkmal Ränge, damit wir den Spearmanschen Rangkorrelationskoeffizienten benutzen können. Wie in der letzten Aufgabe gesehen, ist es gleichgültig, wie herum wir nummerieren. Wir vergeben die Nummer 1 dem Land mit den meisten Vereinen.

Platz	Land	Anzahl Fußballvereine (in 1000)	Rang
1	England	42,5	1
2	Spanien	18,1	4
3	Italien	16,1	5
4	Deutschland	25,8	2
5	Frankreich	18,8	3
6	Portugal	2,3	7
7	Niederlande	3,4	6

Nun bestimmen wir den Spearmanschen Rangkorrelationskoeffizienten:

$$r_{Sp} = 1 - \frac{6}{n \cdot \left(n^2 - 1\right)} \sum_{j=1}^{n} \left(x_j - y_j\right)^2 = 1 - \frac{6}{7 \cdot 48} \cdot \left(0 + 4 + 4 + 4 + 4 + 1 + 1\right)$$
$$= 0{,}679$$

Das liegt sehr dicht an unserer Daumengröße von 0,7, sodass wir auch hier noch von einem starken Zusammenhang ausgehen können.

Lösung zu Aufgabe 43

Da ein Merkmal schon die Platzierung ist, wollen wir für die Körpergröße Ränge vergeben. Allerdings sehen wir, dass das nicht eindeutig funktioniert, weil die Körpergröße 1,80 m doppelt vorhanden ist. In diesem Fall wird im Sport ein Platz doppelt (oder dreifach) vergeben. Und das machen wir auch.

Wenn wir bei der größten Körpergröße mit Rang 1 beginnen, haben die Plätze 2 und 3 denselben Wert. In diesem Fall berechnen wir das arithmetische Mittel der zu vergebenden Plätze und vergeben dies als Platzierung mehrfach. In unserem Beispiel liegen die Damen Görges und Petkovic auf den Plätzen 2 und 3. Das arithmetische Mittel ist 2,5 – das ist die Platzierung, die ihre Körpergrößen bekommen. Danach geht es weiter mit Platz 4 für Frau Lisicki:

Platzierung	Name	Körpergröße	Rang
1	Angelique Kerber	1,73 m	5
2	Mona Barthel	1,85 m	1
3	Julia Görges	1,80 m	2,5
4	Sabine Lisicki	1,78 m	4
5	Andrea Petkovic	1,80 m	2,5

Mit diesen Rängen berechnen wir den Spearman:

$$r_{Sp} = 1 - \frac{6}{n \cdot \left(n^2 - 1\right)} \sum_{j=1}^{n} \left(x_j - y_j\right)^2 = 1 - \frac{6}{5 \cdot 24} \cdot \left(16 + 1 + 0{,}25 + 0 + 6{,}25\right)$$
$$= -0{,}175$$

Es kommt eine negative Korrelation heraus, d. h. tendenziell ist eine Spielerin umso erfolgloser, je größer sie ist. Allerdings befinden wir uns in der Nähe von Null, so dass der Zusammenhang zwischen Körpergröße und Erfolg sowieso nur als gering einzuschätzen ist.

Lösung zu Aufgabe 44

a) Wir müssen uns wieder an die univariate Statistik erinnern: Wenn ein Wert mehr als das 1,5-fache des Interquartilsabstands vom 25 %- bzw. 75 %-Quantil entfernt liegt, handelt es sich um einen Ausreißer.

Wenn wir die zehn Werte geordnet haben, sehen wir, dass der 3. Wert das 25 %-Quantil und der 8. Wert das 75 %-Quantil ist:

1,66 1,71 1,74 1,75 1,76 | 1,78 1,80 1,82 1,84 1,84

$$\overline{x}_{25} = 1{,}74$$

$$\overline{x}_{75} = 1{,}82$$

$$\overline{x}_{75} - \overline{x}_{25} = 0{,}08$$

$$\overline{x}_{25} - 1{,}66 = 0{,}08 < 1{,}5 \cdot 0{,}08$$

$$1{,}84 - \overline{x}_{75} = 0{,}02 < 1{,}5 \cdot 0{,}08$$

Es gibt also keine Ausreißer.

b) Wir vergeben Ränge für die Körpergröße, wobei wir darauf achten, dass bei gleichen Werten die arithmetischen Mittel der betreffenden Ränge mehrfach vergeben werden:

Platzierung	Name	Körpergröße	Rang
1	Sebastian Vettel	1,76 m	6
2	Fernando Alonso	1,71 m	9
3	Mark Webber	1,84 m	1,5
4	Lewis Hamilton	1,74 m	8
5	Kimi Raikkönen	1,75 m	7
6	Nico Rosberg	1,78 m	5
7	Romain Grosjean	1,80 m	4
8	Felipe Massa	1,66 m	10
9	Jenson Button	1,82 m	3
10	Nico Hülkenberg	1,84 m	1,5

Spearman:

$$\begin{aligned} r_{Sp} &= 1 - \frac{6}{n \cdot \left(n^2 - 1\right)} \sum_{j=1}^{n} \left(x_j - y_j\right)^2 \\ &= 1 - \frac{6}{10 \cdot 99} \cdot \left(25 + 49 + 2{,}25 + 16 + 4 + 1 + 9 + 4 + 36 + 72{,}25\right) \\ &= -0{,}324 \end{aligned}$$

Da wir der größten Körpergröße den Rang 1 gegeben haben und wir jetzt einen negativen Rangkorrelationskoeffizienten herausbekommen, können wir sagen, dass es tendenziell so ist, dass größere Rennfahrer erfolgloser sind. Allerdings können wir aufgrund des Betrages von 0,324 nur auf einen gerade nicht mehr schwachen Zusammenhang schließen.

Lösung zu Aufgabe 45

Die Bildungsausgaben bilden ja schon eine Reihenfolge, für das Einkommen vergeben wir Ränge:

Land	Bildungsausgaben (% BIP)	Rang	Verf. Einkommen (EUR)	Rang
Norwegen	6,7	1	28 875	1
UK	6,3	2	17 369	4
Frankreich	5,2	3	20 452	3
Spanien	4,3	4	15 514	6
Deutschland	4,2	5	21 215	2
Italien	3,9	6	16 458	5

Hier können wir ohne Umschweife den Spearmanschen Rangkorrelationskoeffizienten berechnen:

$$r_{Sp} = 1 - \frac{6}{n\cdot\left(n^2-1\right)}\sum_{j=1}^{n}\left(x_j - y_j\right)^2 = 1 - \frac{6}{6\cdot 35}\cdot\left(0+4+0+4+9+1\right)$$
$$= \frac{17}{35} = 0{,}486$$

Es herrscht zwar ein positiver Zusammenhang (je größer die Bildungsausgaben, desto größer das Einkommen), aber der ist nur mittelstark.

Lösung zu Aufgabe 46

a) Im Kapitel der univariaten Statistik haben wir gesehen, dass wir die Streuung letztlich über den Variationskoeffizienten beurteilen. Also berechnen wir ihn einmal für die Körpergröße und einmal für das Alter.

Körpergröße:

$$\overline{x} = 1{,}7883 \quad s^2 = 9{,}1389\cdot 10^{-4} \quad s = 0{,}0302 \quad v = 0{,}0169$$

Die Daten sind also eng gestreut.

Alter:

$$\overline{x} = 17{,}6667 \quad s^2 = 3{,}5556 \quad s = 1{,}8856 \quad v = 0{,}1067$$

Hier würden wir schon nicht mehr von einer engen Streuung reden.

b) Hier sollen ja Zusammenhänge verglichen werden. Also müssen wir den Zusammenhang zwischen Platzierung und Körpergröße ausrechnen sowie den zwischen Platzierung und Alter, und die betragsgrößere Korrelation steht für den stärkeren Zusammenhang.

Da ein Merkmal bereits eine Platzierung ist, werden wir für jedes Merkmal jeweils andere Ränge vergeben und den Spearman benutzen. Achten müssen wir natürlich wieder auf mehrfach vergebene Ränge.

Platz	Name	Körpergröße	Rang	Alter	Rang
1	Lovelyn Enebecki	1,78 m	3	16	2
2	Maike van Grieken	1,76 m	5,5	19	5
3	Luise Wik	1,83 m	1,5	18	4
4	Sabrina Elsner	1,77 m	4	21	6
5	Anna Maria Damm	1,76 m	5,5	16	2
6	Maria Czuczman	1,83 m	1,5	16	2

Zusammenhang Platz/Körpergröße:

$$r_{Sp} = 1 - \frac{6}{n \cdot (n^2 - 1)} \sum_{j=1}^{n} (x_j - y_j)^2$$
$$= 1 - \frac{6}{6 \cdot 35} \cdot (4 + 12{,}25 + 2{,}25 + 0 + 0{,}25 + 20{,}25) = -\frac{4}{35}$$
$$= -0{,}1143$$

Zusammenhang Platz/Alter:

$$r_{Sp} = 1 - \frac{6}{n \cdot (n^2 - 1)} \sum_{j=1}^{n} (x_j - y_j)^2 = 1 - \frac{6}{6 \cdot 35} \cdot (1 + 9 + 1 + 4 + 9 + 16)$$
$$= -\frac{5}{35} = -0{,}1429$$

Der Zusammenhang ist etwa gleich stark für die beiden Merkmale, aber eben auch für beide sehr gering.

Lösung zu Aufgabe 47

Die Tabelle ist ja schon eine Rangfolge. Entsprechend nummerieren wir die Spielergehälter absteigend (wir gehen ja davon aus: je teurer die Spieler, desto erfolgreicher der Verein). Daraus ergibt sich folgende Tabelle:

Platz	1	2	3	4	5	6	7	8	9	10	11	12	13	14	15	16	17	18
Gehalt	5	1	2	10	7	4	11	3	6	15	9	18	14	16	8	13	12	17

Mit diesen Werten können wir jetzt den Rangkorrelationskoeffizienten nach Spearman berechnen:

$$r_{Sp} = 1 - \frac{6}{n \cdot (n^2 - 1)} \sum_{j=1}^{n} (x_j - y_j)^2$$

$$= 1 - \frac{6}{18 \cdot 323} \cdot (16 + 1 + 1 + 36 + 4 + 4 + 16 + 25 + 9 + 25 + 4 + 36 + 1 + 4$$

$$+ 49 + 9 + 25 + 1) = 0{,}7255$$

Es existiert tatsächlich eine stark positive Korrelation.

Lösung zu Aufgabe 48

Unser Ziel ist es, letztlich den korrigierten Kontingenzkoeffizienten zu berechnen. Dazu addieren wir zunächst die Zeilen und Spalten und bestimmen die sogenannten Randverteilungen. Die Werte in der Tabelle sind die absoluten Häufigkeiten h_{ij}.

Studiengang	Männlich	Weiblich	Randverteilung
WI	57	7	64
BWL	58	42	100
Randverteilung	115	49	Summe 164

Jetzt berechnen wir mithilfe der Randverteilungen die theoretischen Werte $t_{ij} = \frac{h_i \cdot h_j}{n}$ und schreiben die Ergebnisse in die Tabelle hinter die tatsächlichen Werte:

Studiengang	Männlich	Weiblich	Randverteilung
WI	57/44,88	7/19,12	64
BWL	58/70,12	42/29,88	100
Randverteilung	115	49	Summe 164

Nun bestimmen wir den Chi-Quadrat-Wert:

$$\chi^2 = \sum_{i=1}^{I}\sum_{j=1}^{J}\frac{\left(h_{ij}-t_{ij}\right)^2}{t_{ij}} = 3{,}27 + 7{,}68 + 2{,}09 + 4{,}92 = 17{,}96$$

Damit können wir den Kontingenzkoeffizienten ausrechnen, wobei n die Anzahl der Werte in der Tabelle ist:

$$C = \sqrt{\frac{\chi^2}{\chi^2 + n}} = \sqrt{\frac{17{,}96}{17{,}96 + 164}} = 0{,}31$$

Den korrigieren wir jetzt. Die Anzahl der Zeilen m und Spalten n ist jeweils 2:

$$C_{korr} = C \cdot \sqrt{\frac{\min(I,J)}{\min(I,J)-1}} = 0{,}31 \cdot \sqrt{\frac{2}{2-1}} = 0{,}44$$

Also gibt es einen mittelstarken Zusammenhang zwischen dem Geschlecht und der Wahl des Studiengangs.

Lösung zu Aufgabe 49

Die Vorgehensweise ist genauso wie bei der vorigen Aufgabe. Wir bestimmen die Randverteilungen, daraus die theoretischen Häufigkeiten, daraus den Chi-Quadrat-Wert, dann den Kontingenzkoeffizienten und schließlich den korrigierten Kontingenzkoeffizienten.

Bestimmung der Randverteilungen:

	getötet	überlebt	Randverteilung
Erste Klasse	123	201	324
Zweite Klasse	159	118	277
Dritte Klasse	527	181	708
Randverteilung	809	500	Summe 1309

Berechnung der theoretischen Häufigkeiten:

	getötet	überlebt	Randverteilung
Erste Klasse	123/200,24	201/123,76	324
Zweite Klasse	159/171,19	118/105,81	277
Dritte Klasse	527/437,56	181/270,44	708
Randverteilung	809	500	Summe 1309

Bestimmung des Chi-Quadrat-Wertes:

$$\chi^2 = \sum_{i=1}^{I}\sum_{j=1}^{J}\frac{\left(h_{ij}-t_{ij}\right)^2}{t_{ij}} = 29{,}79+48{,}21+0{,}87+1{,}40+18{,}28+29{,}58$$
$$=128{,}11$$

Der Kontingenzkoeffizient:

$$C=\sqrt{\frac{\chi^2}{\chi^2+n}}=\sqrt{\frac{128{,}11}{128{,}11+1309}}=0{,}30$$

Für den korrigierten Kontingenzkoeffizienten ist m = 3 und n = 2, der kleinere Wert ist also 2:

$$C_{korr}=C\cdot\sqrt{\frac{\min(I,J)}{\min(I,J)-1}}=0{,}30\cdot\sqrt{\frac{2}{2-1}}=0{,}42$$

Damit gibt es einen mittelstarken Zusammenhang zwischen der Klasse und dem Überleben des Unglücks.

Lösung zu Aufgabe 50

Wir starten wieder mit den Randverteilungen:

	Männlich	Weiblich	Randverteilung
Männer	130	363	493
Frauen	94	413	507
Randverteilung	224	776	Summe 1000

Bestimmung der theoretischen Werte (die wir bei Unabhängigkeit der Merkmale erwarten würden):

	Männlich	Weiblich	Randverteilung
Männer	130/110,43	363/382,57	493
Frauen	94/113,57	413/393,43	507
Randverteilung	224	776	Summe 1000

Chi-Quadrat-Wert:

$$\chi^2 = \sum_{i=1}^{I}\sum_{j=1}^{J}\frac{\left(h_{ij}-t_{ij}\right)^2}{t_{ij}} = 3{,}47+1{,}00+3{,}37+0{,}97 = 8{,}81$$

Kontingenzkoeffizient:

$$C = \sqrt{\frac{\chi^2}{\chi^2+n}} = \sqrt{\frac{8{,}81}{8{,}81+1000}} = 0{,}09$$

Korrektur (m = n = 2):

$$C_{korr} = C\cdot\sqrt{\frac{\min\left(I,J\right)}{\min\left(I,J\right)-1}} = 0{,}09\cdot\sqrt{\frac{2}{2-1}} = 0{,}13$$

Es gibt also nur einen sehr geringen Zusammenhang zwischen Geschlecht und Rauchverhalten.

Lösung zu Aufgabe 51

Einfügen der Randverteilungen:

	blau	grau	grün	braun	anders	Randverteilung
blond	2070	170	1020	440	800	4500
braun	540	70	590	1240	560	3000
schwarz	130	0	320	1860	190	2500
Randverteilung	2740	240	1930	3540	1550	Summe 10 000

Berechnung der theoretischen Werte aus den Randverteilungen:

	blau	grau	grün	braun	anders	Randverteilung
blond	2070/1233	170/108	1020/868,5	440/1593	800/697,5	4500
braun	540/822	70/72	590/579	1240/1062	560/465	3000
schwarz	130/685	0/60	320/482,5	1860/885	190/387,5	2500
Randverteilung	2740	240	1930	3540	1550	Summe 10 000

Chi-Quadrat-Wert:

$$\chi^2 = \sum_{i=1}^{I}\sum_{j=1}^{J}\frac{\left(h_{ij}-t_{ij}\right)^2}{t_{ij}}$$

$$= 568{,}18 + 35{,}59 + 26{,}43 + 834{,}53 + 15{,}06 + 96{,}74 + 0{,}06$$

$$+0{,}21 + 29{,}83 + 19{,}41 + 449{,}67 + 60 + 54{,}73 + 1074{,}15 + 100{,}66$$

$$= 3365{,}25$$

Kontingenzkoeffizient:

$$C = \sqrt{\frac{\chi^2}{\chi^2 + n}} = \sqrt{\frac{3365{,}25}{3365{,}25 + 10000}} = 0{,}50$$

Korrektur (m = 3, n = 5):

$$C_{korr} = C \cdot \sqrt{\frac{\min(I,J)}{\min(I,J)-1}} = 0{,}50 \cdot \sqrt{\frac{3}{3-1}} = 0{,}61$$

Also besteht ein etwas mehr als mittelstarker Zusammenhang zwischen Haarfarbe und Augenfarbe.

4 Wahrscheinlichkeitsrechnung

Bei der schließenden Statistik möchte man aus den Ergebnissen einer Stichprobe auf Eigenschaften der Grundgesamtheit schließen (daher der Name). Dieser Schluss unterliegt natürlich einer gewissen Unsicherheit. Insofern ist die Wahrscheinlichkeitsrechnung das Bindeglied zwischen der beschreibenden und der schließenden Statistik.

Für Anwendungen häufig relevant ist die Laplace-Definition der Wahrscheinlichkeit („Anzahl der günstigen Fälle geteilt durch Anzahl aller Fälle"), daher ist die Kombinatorik, bei der es u.a. ums Abzählen geht, eine wichtige Grundlage der Wahrscheinlichkeitsrechnung.

4.1 Aufgaben

4.1.1 Grundbegriffe

Zunächst beschäftigen wir uns mit Grundbegriffen der Wahrscheinlichkeit, Verknüpfung von Ereignissen mit „und" und „oder", Gegenwahrscheinlichkeiten und Erwartungswerten. Für die Anwendung besonders wichtig ist die bedingte Wahrscheinlichkeit, da man oft die Wahrscheinlichkeiten nur unter einer Bedingung kennt. Daher behandeln wir neben der reinen Definition dieses Begriffes auch die wichtige Formel der totalen Wahrscheinlichkeit, mit deren Hilfe man aus bedingten Wahrscheinlichkeiten die unbedingten, also totalen, Wahrscheinlichkeiten bestimmen kann, und den Satz von Bayes, mit dem man die Wahrscheinlichkeit berechnet, wenn Ereignis und Bedingung ihre Rollen getauscht haben.

Aufgabe 52

Die Ursprünge der Wahrscheinlichkeitsrechnung liegen bei der Betrachtung von Glücksspielen. Und eines der klassischen Glücksspiele ist das Roulette-Spiel.

Ein Roulette-Spielfeld besteht aus den Zahlen von 1 bis 36, von denen die Hälfte rot, die andere Hälfte schwarz ist. Man kann seine Chips auf verschiedene Ereignisse setzen: einzelne Zahlen, Zweier-, Dreier-, Vierer-, Sechser- oder Zwölfer-Gruppen von Zahlen, Farbe, gerade/ungerade etc. Außerdem gibt es die Null. Fällt sie, sind alle Einsätze verloren außer denen, die direkt auf der Null liegen. Wir gehen davon aus, dass es sich um ein faires Roulette-Spiel handelt.

Ein Spieler betritt mit 300,00 EUR ein Spielcasino. Er hat sich folgende Strategie zurechtgelegt: Er setzt nur auf „gerade". Fällt eine gerade Zahl, erhält er den doppelten Einsatz zurück. Fällt eine ungerade Zahl, setzt er beim nächsten Spiel den doppelten Betrag wie vorher auf „gerade". Das macht er so lange, bis er einmal gewonnen hat oder aber sein Geld komplett aufgebraucht ist. Sein erster Einsatz sind 100,00 EUR.

a) Wie groß ist die Wahrscheinlichkeit, das Casino mit Geld in der Tasche zu verlassen? Tipp: Überlegen Sie, was passieren muss, damit er kein Geld mehr hat.

b) Der Spieler gewinnt im 2. Versuch. Wieviel Geld hat er dann?

c) Nachdem er im 2. Versuch gewonnen hat, entschließt er sich, entgegen seiner Strategie im nächsten Spiel die Hälfte seines Geldes auf „gerade" zu setzen. Welchen Gewinn kann er erwarten?

d) Wäre es bei c) für den Spieler günstiger gewesen, mehr oder weniger als die Hälfte zu setzen?

e) Wie muss die Strategie aussehen, wenn der Spieler statt auf „gerade" auf die Zahlen von 1 – 12 setzt?

Aufgabe 53

Zwei Würfel werden geworfen und die Augensumme berechnet. Was sind Erwartungswert und Varianz dieses Zufallsexperimentes?

Aufgabe 54

Bei dem bekannten Spiel „Mensch ärgere dich nicht" stehen zu Beginn die vier Figuren jedes Spielers im Häuschen. Das Häuschen kann verlassen werden, wenn eine 6 gewürfelt wird. Dafür hat der Spieler maximal drei Versuche. Gelingt es nicht, ist der nächste Spieler an der Reihe. Wie groß ist die Wahrscheinlichkeit, dass ein Spieler sein Häuschen direkt verlassen kann?

Aufgabe 55

Ein Anleger hat in seinem Portfolio vier verschiedene Wertpapiere. Die Anteile im Portfolio und die jeweiligen Renditen seien in folgender Tabelle gegeben:

Wertpapier	1	2	3	4
Anteil	40 %	30 %	20 %	10 %
Rendite	3 %	7 %	5 %	8 %

Wie groß ist die erwartete Rendite des Portfolios?

Aufgabe 56

In einer Bankfiliale befinden sich ein alter und ein neuer Geldautomat. Die Wahrscheinlichkeit, dass der ältere an einem Tag ausfällt (Ereignis A), beträgt 40 %. Der neuere fällt mit der Wahrscheinlichkeit 10 % aus (Ereignis B). Beide Automaten fallen an einem Tag mit der Wahrscheinlichkeit 5 % aus.

a) Wie groß ist die Wahrscheinlichkeit, dass mindestens einer an einem Tag ausfällt?

b) Mit welcher Wahrscheinlichkeit funktionieren beide Automaten an einem Tag?

c) Wie groß ist die Wahrscheinlichkeit, dass der neue Automat ausfällt, wenn der alte ausgefallen ist?

d) Wie groß ist die Wahrscheinlichkeit, dass der neue Automat ausfällt, wenn der alte nicht ausfällt?

Aufgabe 57

Sie nehmen an einer Show im Fernsehen als Kandidat teil. Der Moderator gibt Ihnen drei Briefumschläge. In einem befindet sich ein Gewinn, in den beiden anderen sind Nieten. Sie entscheiden sich für einen Umschlag. Der Moderator öffnet einen der beiden, die Sie nicht gewählt haben, und es ist eine Niete. Sie könnten sich jetzt nochmal umentscheiden und den anderen nicht gewählten Umschlag wählen statt dem, den Sie ursprünglich gewählt haben. Sollten Sie das tun? Begründung!

Aufgabe 58

Bei der Wareneingangskontrolle eines deutschen Computerherstellers werden aus Asien importierte elektronische Bauteile auf Funktionstüchtigkeit überprüft. Aus Erfahrung weiß man, dass 10 % der Bauteile defekt sind.

Ein Schnelltest zeigt bei 95 % der Bauteile, die tatsächlich defekt sind, das auch an. Der Test zeigt auch bei 97 % der funktionsfähigen Bauteile an, dass alles in Ordnung ist.

a) Wie groß ist die Wahrscheinlichkeit, dass der Test einen Defekt anzeigt, wenn das Bauteil tatsächlich in Ordnung ist?

b) Wie groß ist die Wahrscheinlichkeit, dass bei einem zufällig ausgewählten Bauteil ein Defekt angezeigt wird?

c) Wie groß ist die Wahrscheinlichkeit, dass ein Bauteil tatsächlich defekt ist, wenn der Test einen Defekt anzeigt?

d) Wie groß ist die Wahrscheinlichkeit, dass ein Bauteil tatsächlich in Ordnung ist, wenn der Test dies anzeigt?

Aufgabe 59

52,4 % der Abiturienten des letzten Jahres in waren weiblich. In den ostdeutschen Bundesländern (inkl. Berlin) war der Frauenanteil mit 59,1 % deutlich höher als im Westen Deutschlands (50,8 %).

a) Wie groß ist die Wahrscheinlichkeit, dass ein ostdeutscher Abiturient männlich ist?

b) Wie groß ist die Wahrscheinlichkeit, dass ein zufällig ausgewählter Abiturient männlich ist?

c) Wie groß ist die Wahrscheinlichkeit, dass ein zufällig ausgewählter Abiturient (männlich oder weiblich) aus Ostdeutschland (inkl. Berlin) kommt?

d) Wie groß ist die Wahrscheinlichkeit, dass eine zufällig ausgewählte Abiturientin aus Westdeutschland kommt?

Aufgabe 60

Die Leistungen eines bekannten brasilianischen Fußballspielers in der Bundesliga hängen extrem vom Wetter ab. Scheint die Sonne nicht, unterläuft ihm im Spiel mit einer Wahrscheinlichkeit von 60 % ein schwerwiegender Fehler. Scheint die Sonne, so ist die Fehlerwahrscheinlichkeit nur 20 %. Die Sonne scheint im Schnitt an vier von neun Tagen nicht.

a) Wie groß ist die Sonnenscheinwahrscheinlichkeit?

b) Mit welcher Wahrscheinlichkeit muss der Trainer damit rechnen, dass der Spieler im Spiel einen Fehler macht?

c) Der Spieler hat in einem Spiel einen schwerwiegenden Fehler gemacht. Wie groß ist die Wahrscheinlichkeit, dass die Sonne nicht schien?

Aufgabe 61

Bei einem Radrennen wird eine Dopingkontrolle durchgeführt. Wenn ein Fahrer gedopt hat, fällt der Test mit einer Wahrscheinlichkeit von 99 % positiv aus. Allerdings fällt auch bei einem nicht gedopten Fahrer der Test mit einer Wahrscheinlichkeit von 4 % positiv aus. Man geht davon aus, dass 50 % der Fahrer gedopt haben.

a) Wie groß ist die Wahrscheinlichkeit, dass bei einem zufällig ausgewählten Fahrer der Test positiv ausfällt?

b) Wie groß ist die Wahrscheinlichkeit, dass ein Fahrer tatsächlich gedopt hat, wenn der Test positiv ausfällt?

c) Wie groß ist die Wahrscheinlichkeit, dass ein Fahrer tatsächlich nicht gedopt hat, wenn der Test negativ ausfällt?

Aufgabe 62

Hat der Lieblingsverein eines Dozenten am Wochenende gewonnen, gefällt den Studierenden die Vorlesung am Montag mit einer Wahrscheinlichkeit von 90 %. Bei einem Unentschieden gefällt sie ihnen mit einer Wahrscheinlichkeit von 50 %, bei einer Niederlage mit 10 %. Im Schnitt gewinnt der Verein 22 % seiner Spiele, 60 % verliert er, und bei 18 % spielt er unentschieden.

a) Mit welcher Wahrscheinlichkeit können sich die Studierenden auf eine schlimme Vorlesung einstellen?

b) Die Vorlesung war gut. Wie groß ist die Wahrscheinlichkeit, dass der Verein am Wochenende zuvor unentschieden gespielt hat?

c) Wieviel Prozent der Spiele muss der Verein gewinnen statt verlieren, damit die Wahrscheinlichkeit einer guten Vorlesung 70 % ist? (Die Wahrscheinlichkeit für ein Unentschieden bleibt unverändert.)

Aufgabe 63

Die Mathematik-Klausur haben 54 % der Studenten bestanden. Aus Erfahrungen weiß man, dass 42 % der Studenten sowohl die Mathe- als auch die Statistik-Klausur bestehen. Man weiß allerdings auch, dass 27 % der Studenten beide Klausuren nicht bestehen.

a) Wie groß ist die Wahrscheinlichkeit, dass ein Student die Statistik-Klausur besteht, wenn er die Mathe-Klausur bestanden hat?

b) Wie groß ist die Wahrscheinlichkeit, dass ein Student die Statistik-Klausur nicht besteht, wenn er die Mathe-Klausur nicht bestanden hat?

c) Wie groß ist die Wahrscheinlichkeit, dass ein Student die Statistik-Klausur besteht (ganz ohne Bedingung)?

d) Wie groß ist die Wahrscheinlichkeit, dass ein Student die Mathe-Klausur bestanden hatte, wenn er die Statistik-Klausur bestanden hat?

Aufgabe 64

Ein Berufsakademiestudent muss je eine Klausur in Mathematik und in Statistik bestehen. 80 % der Studenten bestehen Statistik und 90 % Mathe. 95 % bestehen mindestens eine der Klausuren.

a) Wie groß ist die Wahrscheinlichkeit, dass ein zufällig ausgewählter Student beide Klausuren besteht?

b) Wie groß ist die Wahrscheinlichkeit, dass ein Student weder Mathe noch Statistik besteht?

c) Wie groß ist die Wahrscheinlichkeit, dass ein Student Statistik, aber nicht Mathe besteht?

d) Wie groß ist die Wahrscheinlichkeit, dass ein Student, der Statistik bestanden hat, auch Mathe besteht?

e) Wie groß ist die Wahrscheinlichkeit, dass ein Student, der Mathe nicht bestanden hat, auch Statistik nicht besteht?

4.1.2 Diskrete Wahrscheinlichkeitsverteilungen

Man spricht von diskreten Verteilungen, wenn man die Anzahl unterschiedlicher Ergebnisse des zugrunde liegenden Zufallsexperimentes abzählen kann.

Das einfachste Zufallsexperiment ist das sogenannte Bernoulli-Experiment, bei dem es nur zwei verschiedene Ergebnisse gibt. Der Münzwurf ist hierfür das klassische Beispiel. Wiederholt man dieses Bernoulli-Experiment, spricht man von einer Bernoulli-Kette. Die Anzahl der Erfolge in dieser Kette unterliegt der sogenannten Binomial-Verteilung. Die Anzahl der Fehlversuche unterliegt der sogenannten Geometrischen Verteilung.

Nicht aus der Bernoulli-Familie ist die Hypergeometrische Verteilung, bei der man sich im Modell vorstellt, aus einer Urne ohne Zurücklegen Kugeln zu ziehen.

Aufgabe 65

Steht ein Fußballspiel nach der Verlängerung unentschieden, findet ein Elfmeterschießen statt. Dazu schießt jede der beiden Mannschaften fünf Elfmeter. Die Wahrscheinlichkeit, dass ein Elfmeter im Tor landet, beträgt 76%.

a) Wie viele verschiedene Möglichkeiten hat der Trainer, aus seiner Mannschaft die fünf Spieler auszuwählen, die die Elfmeter schießen sollen, wenn noch alle elf Spieler auf dem Platz stehen? Gehen Sie davon aus, dass die ausgewählten Spieler die Reihenfolge, in der sie schießen, selbst bestimmen.

b) Was ändert sich an Ihrer Antwort von a), wenn der Trainer die Reihenfolge der Schützen festlegt?

c) Mit wie vielen verwandelten Elfmetern kann der Trainer rechnen?

d) Wie groß ist die Wahrscheinlichkeit, dass eine Mannschaft mehr als drei Elfmeter verwandelt?

e) Wie groß ist die Wahrscheinlichkeit, dass der vierte Elfmeter der erste ist, den eine Mannschaft verwandelt?

Aufgabe 66

Im Panini-Sammelalbum zur Frauen-Fußball-WM 2019 gibt es 482 Motive. Die Bilder, die man dort einkleben muss, werden in Tüten zu je 5 Bildern verkauft. In einer Tüte sind garantiert 5 verschiedene Bilder.

a) Wie viele verschiedene Zusammenstellungen der Tüten gibt es?

b) Sie kaufen eine Tüte. Wie groß ist die Wahrscheinlichkeit, dass Sie in dieser Tüte das Portraitfoto von Lena Goeßling haben?

c) Wie viele Tüten muss man mindestens kaufen, um alle Bilder zu haben?

Aufgabe 67

Die Lotterie „Eurojackpot“ besteht darin, auf einem Feld mit den Zahlen von 1 bis 50 fünf Stück und auf einem Feld mit den Zahlen von 1 bis 8 zwei Stück anzukreuzen:

a) Für die höchste Gewinnklasse müssen die 5 Zahlen aus den 50 und die 2 Zahlen aus den 8 stimmen. Wie groß ist die Wahrscheinlichkeit dafür?

b) Für die niedrigste Gewinnklasse, müssen 2 der 50 und eine der 8 Zahlen stimmen. Wie groß ist die Wahrscheinlichkeit dafür?

c) Wie groß ist die Wahrscheinlichkeit, bei dieser Lotterie überhaupt zu gewinnen?

Aufgabe 68

Die klassische Lotterie in Deutschland ist das Zahlenlotto 6 aus 49. In einem Feld mit 49 Zahlen kreuzt man 6 an. Eine besondere Rolle spielt die Superzahl. Hierbei handelt es sich um die letzte Stelle der Losnummer.

a) Für die höchste Gewinnklasse müssen die 6 angekreuzten Zahlen mit den 6 gezogenen Gewinnzahlen übereinstimmen. Zudem muss die Superzahl richtig sein. Wie groß ist die Wahrscheinlichkeit dafür?

b) Für die niedrigste Gewinnklasse müssen 2 der 6 gezogenen Zahlen stimmen. Zudem muss die Superzahl richtig sein. Wie groß ist die Wahrscheinlichkeit dafür?

c) Wie groß ist die Wahrscheinlichkeit, überhaupt zu gewinnen?

Aufgabe 69

Ein Kuchenverkaufsstand hat acht verschiedene Kuchen im Angebot, drei davon mit Schokolade.

a) Ein hungriger Kunde kauft fünfmal nacheinander jeweils ein Stück Kuchen, die immer rein zufällig von der Verkaufsfachkraft ausgewählt werden. Wie groß ist die Wahrscheinlichkeit, dass der Kunde dabei insgesamt zwei Stück Kuchen mit Schokolade bekommen hat?

b) Wie groß ist die Wahrscheinlichkeit, dass der Kunde beim vierten Kauf zum ersten Mal ein Stück mit Schokolade bekommt?

c) Ein anderer genauso hungriger Kunde kauft nicht fünfmal nacheinander, sondern fünf Stück Kuchen auf einmal. Wieder sucht die Verkäuferin zufällig aus, wobei aber von jeder Kuchensorte maximal ein Stück dabei ist. Wie groß ist die Wahrscheinlichkeit, dass der zweite Kunde zwei Stück Kuchen mit Schokolade bekommen hat? Erläutern Sie bei Ihrer Antwort, was der Unterschied zu der in a) geschilderten Situation ist!

d) Beide Kunden (aus a) und aus c)) lieben Schokoladenkuchen. Bei welcher Kaufstrategie ist mehr Schokolade zu erwarten? Begründung!

Aufgabe 70

Ein Student nimmt an einem Multiple-Choice-Test teil, der aus zehn Fragen mit je drei Antworten besteht. Durch Ankreuzen ist eine Lösung zu markieren, die der Student für richtig hält. Der Test ist bestanden, wenn mindestens acht Fragen korrekt beantwortet wurden. Leider hat der Student es versäumt, sich ausreichend auf den Test vorzubereiten, und antwortet auf gut Glück.

a) Pro Frage sei genau eine Antwortmöglichkeit die richtige Lösung. Der Student kreuzt bei jeder Frage eine Antwort an. Mit wie vielen richtigen Antworten kann der Student rechnen? Wie groß ist seine Wahrscheinlichkeit, den Test zu bestehen?

b) Pro Frage seien genau zwei Antwortmöglichkeiten richtig. Der Student kreuzt bei jeder Frage eine Antwort an. Die Frage gilt als korrekt beantwortet, wenn die angekreuzte Antwort eine der beiden richtigen ist. Mit wie vielen richtigen Antworten kann der Student jetzt rechnen? Wie groß ist nun die Wahrscheinlichkeit, den Test zu bestehen?

c) Pro Frage seien nun eine, zwei oder drei Antwortmöglichkeiten richtig, jeweils mit einer Wahrscheinlichkeit von 1/3. Der Student weiß nicht, wie viele Antworten richtig sind und kreuzt pro Frage eine Antwort an. Die Frage gilt als korrekt beantwortet, wenn diese angekreuzte Antwort richtig ist. Wie groß ist nun die Wahrscheinlichkeit, den Test zu bestehen?

Aufgabe 71

a) Ein Universitätsabsolvent befindet sich auf der Suche nach einem Arbeitsplatz. Er besucht eine Bildungsmesse mit folgender Strategie: Er spricht genau 25 Firmenvertreter an mit der Bitte, ihn zu einem Vorstellungsgespräch einzuladen. Die Wahrscheinlichkeit, damit erfolgreich zu sein, beträgt 8 %. Wie groß ist die Wahrscheinlichkeit, dass er genau zwei Vorstellungsgespräche hat?

b) Ein befreundeter FH-Absolvent hat eine andere Strategie: Er spricht so viele Firmenvertreter an, bis er ein Vorstellungsgespräch bekommt. Wie groß ist die Wahrscheinlichkeit, dass er genau sechsmal einen Korb bekommt?

c) Welche der beiden Strategien ist die erfolgreichere? Begründung!

4.1.3 Stetige Wahrscheinlichkeitsverteilungen

Man benutzt eine stetige Wahrscheinlichkeitsverteilung, wenn das zugrunde liegende Zufallsexperiment so viele mögliche Ergebnisse hat, dass man sie nicht mehr zählen kann. (Man nennt das „überabzählbar unendlich".) Näherungsweise benutzt man eine stetige Verteilung auch dann, wenn man die Ergebnisse zwar zählen kann, das aber nicht sinnvoll ist, weil es zu viele sind.

Bei stetigen Wahrscheinlichkeitsverteilungen hat jedes Elementarereignis (also das einzelne Ergebnis des Zufallsexperimentes) eine Wahrscheinlichkeit von Null. Das ist im ersten Moment überraschend, denn irgendein Ergebnis muss ja eintreten. Es gibt halt nur zu viele davon. Positive Wahrscheinlichkeiten erhält man nur für Bereiche, also für das Ereignis, dass die Zufallsvariable in einem (endlichen oder unendlichen) Intervall liegt.

Wir beschäftigen uns nur mit der für Anwendungen wichtigsten stetigen Wahrscheinlichkeitsverteilung, nämlich der Normalverteilung. Zwei Parameter muss man zur Rechnung kennen: den Erwartungswert μ und die Varianz σ^2. Bei jeder Aufgabe ist es nötig, die jeweilige Normalverteilung in eine Standard-Normalverteilung umzurechnen. Das ist eine, bei der der Erwartungswert 0 und die Varianz 1 sind. Hat man dies getan, kann man die Tabelle der Verteilungsfunktion der Standard-Normalverteilung benutzen, um die Wahrscheinlichkeiten zu ermitteln. Diese Umrechnung erfolgt, indem man von der Zufallsvariablen X den Erwartungswert μ abzieht und diese Differenz durch die Standardabweichung σ teilt. So erhält man die standardisierte Zufallsvariable Z:

$$Z = \frac{X - \mu}{\sigma}$$

Aufgabe 72

Eine Brauerei füllt Bier in 0,5 l-Dosen ab. Die Füllmenge einer Dose unterliegt zufälligen Schwankungen, die durch eine Normalverteilung mit Erwartungswert 0,5 l und Standardabweichung 0,05 l dargestellt werden können.

a) Ist es wahrscheinlicher, dass genau 0,48 l oder genau 0,51 l Bier in einer Dose sind? (Begründung!)

b) Mit welcher Wahrscheinlichkeit befinden sich in einer Dose zwischen 0,48 l und 0,51 l?

c) Welche Mindestmenge befindet sich mit einer Wahrscheinlichkeit von 90 % in einer Dose?

Aufgabe 73

Nach einer gängigen Definition gilt ein Haushalt als arm, wenn er über weniger als 50 % des Durchschnittseinkommens verfügt. Das durchschnittliche Einkommen sei 3000,00 EUR bei einer Standardabweichung von 1600,00 EUR. Das Einkommen sei normalverteilt.

a) Wie groß ist die Wahrscheinlichkeit, dass ein Haushalt genau die Hälfte des Durchschnittseinkommens hat?

b) Wie hoch ist der Anteil (= Wahrscheinlichkeit) armer Haushalte?

c) Über welches Einkommen verfügen die 5 % wohlhabendsten Haushalte mindestens?

Aufgabe 74

Die Länge der in einer Tabakfabrik hergestellten Zigaretten unterliegt zufälligen Schwankungen. Aus Vergangenheitswerten weiß man, dass die Länge einer Normalverteilung mit Mittelwert 8,1 cm und einer Standardabweichung von 1 mm unterliegt. Toleriert werden Längen in einem Bereich von 8 cm plus/minus 0,5 mm. Wieviel Prozent der Produktion liegen außerhalb des Toleranzbereiches?

Aufgabe 75

An einem Bierstand eines Public Viewing wird Bier in 0,4 l-Bechern ausgeschenkt. Die Füllmenge eines Bechers unterliegt einer Normalverteilung mit Erwartungswert 0,39 l und Standardabweichung 0,04 l.

a) Wie groß ist die Wahrscheinlichkeit, dass ein Becher genau 0,39 l enthält?

b) Mit welcher Wahrscheinlichkeit befinden sich in einem Becher zwischen 0,38 l und 0,41 l?

c) Wie groß muss bei gleichbleibender Standardabweichung der Erwartungswert des Zapfens sein, damit die Wahrscheinlichkeit, dass weniger als 0,35 l im Becher sind, nur 2 % beträgt?

Aufgabe 76

Ein Dozent vergibt bei der Klausurkorrektur die Punkte rein zufällig gemäß einer Normalverteilung mit Erwartungswert 70 und Standardabweichung 20.

a) Ist es wahrscheinlicher, dass ein Student 40 oder 95 Punkte bekommt?

b) Mit welcher Wahrscheinlichkeit besteht ein Student (hat also mindestens 50 Punkte)?

c) Wie groß muss bei gleichbleibender Standardabweichung der Erwartungswert der Punkte sein, damit die Wahrscheinlichkeit, dass ein Student besteht, 90 % beträgt?

Aufgabe 77

Dr. Hoecker weiß aus Erfahrung, dass das Füllgewicht seiner 125 g-Packung Götterspeise einer Normalverteilung mit Erwartungswert 125 g und Standardabweichung 5 g unterliegt.

a) Mit welcher Wahrscheinlichkeit wiegt eine Packung zwischen 120 g und 130 g?

b) Wie wahrscheinlich ist es, dass eine Packung weniger als 110 g wiegt?

c) Welches Gewicht überschreitet eine Packung mit einer Wahrscheinlichkeit von 1 %?

Aufgabe 78

Aus den Beobachtungen der Vergangenheit weiß man, dass die jährliche Rendite des Deutschen Aktienindex DAX näherungsweise durch eine Normalverteilung mit Erwartungswert 0,15 und Standardabweichung 0,1 dargestellt werden kann.

a) Wie groß ist die Wahrscheinlichkeit, dass es überhaupt eine positive Rendite gibt?

b) Wie groß ist die Mindestrendite mit einer Wahrscheinlichkeit von 90 %?

Aufgabe 79

In den Bierzelten des Oktoberfestes wird Bier in Maßkrügen ausgeschenkt, die jeweils einen Inhalt von einem Liter haben. Die Füllmenge eines Kruges soll einer Normalverteilung mit Erwartungswert 1 l und Standardabweichung 0,05 l unterliegen.

a) Mit welcher Wahrscheinlichkeit befinden sich in einem Becher zwischen 0,92 l und 1,04 l?

b) Das Eichamt untersucht, ob alle Maßkrüge fair befüllt wurden. Dazu dürfen nur 1 % der Krüge eine Füllmenge von weniger als 0,95 l enthalten. Wenn man nach wie vor von einem Erwartungswert von 1 l ausgeht, wie groß darf dann die Varianz des Zapfens sein?

Aufgabe 80

Die Laufzeit (in Minuten) eines Ski-Langläufers über 10 km sei normalverteilt mit Erwartungswert 21 Minuten und Standardabweichung 0,5 Minuten.

a) Wie wahrscheinlich ist es, dass dieser Läufer den Weltrekord von 19,1 Minuten unterbietet?

b) Welche Zeit läuft er mindestens mit einer Wahrscheinlichkeit von 90 %?

c) Zusammen mit drei Läufern, die im Schnitt eine Minute schneller bzw. zwei und drei Minuten langsamer sind, bildet dieser Läufer eine 4 × 10 km Staffel. Mit welcher Gesamtzeit kann die Staffel rechnen?

d) Der Läufer möchte auch im Biathlon starten. Dazu muss auf dem 10 km Kurs zweimal auf je fünf Scheiben mit einem Gewehr geschossen werden. Pro Schuss trifft der Läufer mit einer Wahrscheinlichkeit von 40 %. Mit welcher Wahrscheinlichkeit hat der Läufer eine Laufzeit, die zwischen 20 und 22 Minuten liegt, und hat beim ersten Schießen vier Mal, beim zweiten Schießen drei Mal getroffen?

4.2 Lösungen

Lösung zu Aufgabe 52

a) Um kein Geld mehr zu haben, muss folgendes passieren: Der Spieler setzt 100,00 EUR auf „gerade“, verliert, setzt gemäß seiner Strategie 200,00 EUR auf „gerade“ und verliert erneut. Die Wahrscheinlichkeit, im ersten und im zweiten Spiel zu verlieren, beträgt:

$$P(\mathit{zweimal\,verlieren}) = \frac{19}{37} \cdot \frac{19}{37} = 0{,}2637.$$

Die Wahrscheinlichkeit, dass genau das nicht passiert, ist die Gegenwahrscheinlichkeit:

$$P(\mathit{mit\,Geld\,Casino\,verlassen}) = 1 - 0{,}2637 = 0{,}7363.$$

b) Wenn der Spieler ein zweites Mal spielt, hat er das erste Spiel verloren, er setzt also die 200,00 EUR, die ihm noch übriggeblieben sind. Da er gewinnt, erhält den doppelten Einsatz ausgezahlt, also 400,00 EUR.

c) Den erwarteten Gewinn erhält man, indem man den Gewinn multipliziert mit der Wahrscheinlichkeit und das Ganze über alle möglichen Spielausgänge addiert. Wenn 200,00 EUR (die Hälfte des Geldes nach einem Gewinn im zweiten Spiel) gesetzt werden, hat man einen Gewinn von 200,00 EUR mit einer Wahrscheinlichkeit von $\frac{18}{37}$ und erleidet einen Verlust von 200,00 EUR mit einer Wahrscheinlichkeit von $\frac{19}{37}$. Insgesamt ergibt das einen erwarteten Gewinn von

$$\mu = 200 \cdot \frac{18}{37} - 200 \cdot \frac{19}{37} = -200 \cdot \frac{1}{37} = -5{,}41.$$

d) In Aufgabenteil c) haben wir gesehen, dass der erwartete Gewinn Einsatz multipliziert mit $-\frac{1}{37}$ ist. Je mehr also gesetzt wird, desto größer ist der Verlust, mit dem man rechnen muss. Es wäre also günstiger gewesen, weniger zu setzen.

e) Beim Setzen auf ein Drittel ist die Gewinnwahrscheinlichkeit $\frac{12}{37}$ und die Verlustwahrscheinlichkeit $\frac{25}{37}$. Im Gewinnfall wird der dreifache Einsatz ausgezahlt, im Verlustfall ist der Einsatz verloren. Bei einem Einsatz von x ist der erwartete Gewinn also:

$$\mu = 2x \cdot \frac{12}{37} - x \cdot \frac{25}{37} = -x \cdot \frac{1}{37}$$

genau wie beim Setzen auf „gerade“. Eine andere Strategie ändert also nichts.

Lösung zu Aufgabe 53

Möglich sind Ergebnisse von 2 bis 12. Da jeder Würfel sechs Seiten hat, sind insgesamt 36 verschiedene Kombinationen der Augenzahlen möglich. Durch Abzählen finden wir heraus: Für die 2 gibt es nur eine Möglichkeit (beide Würfel zeigen eine 1), für die 3 zwei Möglichkeiten (1 - 2 und 2 - 1), für die 4 drei (1 - 3, 2 - 2 und 3 - 1) usw. Insgesamt ergibt sich folgende Wahrscheinlichkeitstabelle:

Ergebnis	2	3	4	5	6	7	8	9	10	11	12
Wahrscheinlichkeit	$\frac{1}{36}$	$\frac{2}{36}$	$\frac{3}{36}$	$\frac{4}{36}$	$\frac{5}{36}$	$\frac{6}{36}$	$\frac{5}{36}$	$\frac{4}{36}$	$\frac{3}{36}$	$\frac{2}{36}$	$\frac{1}{36}$

Für den Erwartungswert müssen wir die möglichen Ergebnisse mit den Wahrscheinlichkeiten multiplizieren und alles addieren:

$$\mu = \sum_{i=1}^{n} x_i \cdot p_i = 2 \cdot \frac{1}{36} + 3 \cdot \frac{2}{36} + \cdots + 12 \cdot \frac{1}{36} = 7$$

Die Varianz berechnen wir am einfachsten, indem wir die Quadrate der Ergebnisse mit den Wahrscheinlichkeiten multiplizieren, alles addieren und zum Schluss einmal das Quadrat des Erwartungswertes abziehen:

$$\sigma^2 = \sum_{i=1}^{n} x_i^2 \cdot p_i - \mu^2 = 2^2 \cdot \frac{1}{36} + 3^2 \cdot \frac{2}{36} + \cdots + 12^2 \cdot \frac{1}{36} - 7^2 = 5{,}833$$

Lösung zu Aufgabe 54

Spontan würde man vielleicht sagen, dass man bei jedem der drei Versuche eine Wahrscheinlichkeit von $\frac{1}{6}$ hat, eine 6 zu würfeln. Insgesamt ergäbe das $\frac{1}{6} + \frac{1}{6} + \frac{1}{6} = \frac{3}{6} = \frac{1}{2}$. Aber diese Überlegung ist falsch, da man ja nicht in jedem Fall dreimal würfeln muss: Man würfelt nur dann zweimal, wenn man beim ersten Wurf keine 6 hatte, und nur dann dreimal, wenn auch der zweite Wurf erfolglos war. Die möglichen Wege, die zu einer gewürfelten 6 und damit zum Verlassen des Häuschens führen, kann man etwa durch ein Baumdiagramm darstellen:

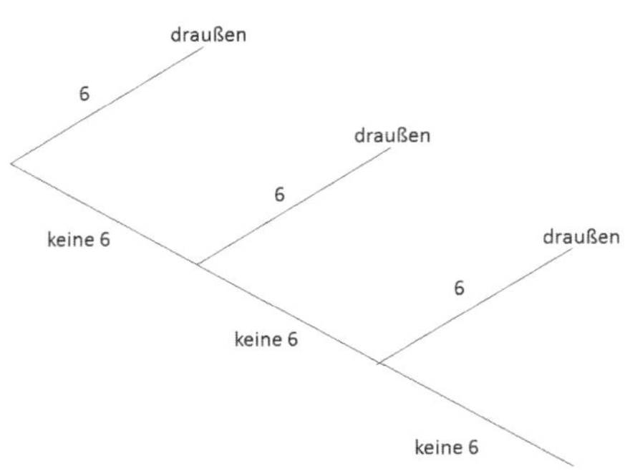

Es gibt also folgende Wege: Man würfelt direkt eine 6 ODER man würfelt beim ersten Mal keine 6, aber im zweiten Versuch ODER man würfelt bei den ersten beiden Versuchen keine 6, aber dann beim dritten Versuch. Wenn man nun bedenkt, dass die Wahrscheinlichkeit, eine 6 zu werfen, $\frac{1}{6}$ und die Wahrscheinlichkeit, keine 6 zu werfen, $\frac{5}{6}$ beträgt sowie und-Verknüpfungen von Ereignissen zur Multiplikation und oder-Verknüpfungen zur Addition der Wahrscheinlichkeiten führen, erhält man folgende Wahrscheinlichkeit:

$$P(\textit{Häuschen verlassen}) = \frac{1}{6} + \frac{5}{6} \cdot \frac{1}{6} + \frac{5}{6} \cdot \frac{5}{6} \cdot \frac{1}{6} = \frac{91}{216} = 0{,}421$$

Lösung zu Aufgabe 55

Wir berechnen den Erwartungswert, indem wir die Rendite mit dem Anteil im Portfolio multiplizieren und alles addieren:

$$\mu = 0{,}4 \cdot 3\% + 0{,}3 \cdot 7\% + 0{,}2 \cdot 5\% + 0{,}1 \cdot 8\% = 5{,}1\%$$

Die erwartete Rendite des Portfolios ist also 5,1 %.

Lösung zu Aufgabe 56

Folgende Wahrscheinlichkeiten sind gegeben:

$$P(A) = 0{,}4 \quad P(B) = 0{,}1 \quad P(A \cap B) = 0{,}05$$

a) Es muss also das Ereignis A oder B oder beide eintreten. Gesucht ist also die Wahrscheinlichkeit der Vereinigung der Ereignisse:

$$P(A \cup B) = P(A) + P(B) - P(A \cap B) = 0{,}4 + 0{,}1 - 0{,}05 = 0{,}45$$

b) Hierbei handelt es sich um das Gegenereignis zu a):

$$P(\overline{A \cup B}) = 1 - P(A \cup B) = 0{,}55$$

c) Hierfür benötigen wir die Definition der bedingten Wahrscheinlichkeit:

$$P(B|A) = \frac{P(B \cap A)}{P(A)} = \frac{P(A \cap B)}{P(A)} = \frac{0{,}05}{0{,}4} = 0{,}125$$

d) Gesucht ist $P(B \mid \bar{A})$. Da uns $P(A)$, und damit auch $P(\bar{A})$, $P(B)$ und $P(B \mid A)$ bekannt sind, setzen wir gemäß der Formel der totalen Wahrscheinlichkeit an:

$$P(B) = P(B|A) \cdot P(A) + P(B|\bar{A}) \cdot P(\bar{A}) \Rightarrow P(B|\bar{A}) = \frac{P(B) - P(B|A) \cdot P(A)}{P(\bar{A})}$$

$$= \frac{0{,}1 - 0{,}125 \cdot 0{,}4}{0{,}6} = 0{,}083$$

Lösung zu Aufgabe 57

Hierbei handelt es sich um das berühmte „Ziegenproblem". Der ausgewählte Briefumschlag enthält mit einer Wahrscheinlichkeit von einem Drittel den Gewinn. Mit einer Wahrscheinlichkeit von zwei Dritteln ist der Gewinn in einem der beiden anderen Umschläge. Einer von diesen beiden wird geöffnet und enthält nicht den Gewinn, also entfällt die Gewinnwahrscheinlichkeit von zwei Dritteln komplett auf den anderen der beiden Umschläge. Wenn man also auf den Tausch eingeht, verdoppelt man seine Gewinnwahrscheinlichkeit von einem auf zwei Drittel.

Lösung zu Aufgabe 58

Wenn wir die Ereignisse „Test zeigt Defekt an" mit einem T und „Teil ist defekt" mit einem D bezeichnen, können wir aus der Aufgabe folgende Wahrscheinlichkeiten entnehmen:

$$P(D) = 0{,}1 \Rightarrow P(\bar{D}) = 0{,}9$$

$$P(T|D) = 0{,}95 \Rightarrow P(\bar{T}|D) = 0{,}05$$

$$P(\bar{T}|\bar{D}) = 0{,}97 \Rightarrow P(T|\bar{D}) = 0{,}03$$

a) Die Antwort kennen wir schon:

$$P(T|\bar{D}) = 0{,}03$$

b) Gesucht ist $P(T)$. Zur Berechnung brauchen wir die Formel der totalen Wahrscheinlichkeit, denn nur mit ihr können wir, wenn wir die bedingten Wahrscheinlichkeiten kennen, die Wahrscheinlichkeiten ohne Bedingung (sogenannte totale Wahrscheinlichkeiten) ausrechnen.

$$P(T) = P(T|D) \cdot P(D) + P(T|\bar{D}) \cdot P(\bar{D}) = 0{,}95 \cdot 0{,}1 + 0{,}03 \cdot 0{,}9 = 0{,}122$$

c) Bislang war ja der Test das Ereignis und der Defekt die Bedingung. Diese Rollen werden jetzt getauscht. Zur Berechnung der neuen bedingten Wahrscheinlichkeit benötigen wir den Satz von Bayes:

$$P(D|T) = \frac{P(T \mid D) \cdot P(D)}{P(T)} = \frac{0{,}95 \cdot 0{,}1}{0{,}122} = 0{,}7787$$

d) Auch hier benötigen wir den Satz von Bayes (im Nenner benutzen mir die Gegenwahrscheinlichkeit des Ergebnisses von b)):

$$P(\bar{D}|\bar{T}) = \frac{P(\bar{T} \mid \bar{D}) \cdot P(\bar{D})}{P(\bar{T})} = \frac{0{,}97 \cdot 0{,}9}{0{,}878} = 0{,}9943$$

Lösung zu Aufgabe 59

Wenn wir die Ereignisse „Abiturient weiblich“ mit einem W und „ostdeutsch“ mit einem O bezeichnen, können wir aus der Aufgabe folgende Wahrscheinlichkeiten entnehmen:

$$P(W) = 0{,}524 \Rightarrow P(\bar{W}) = 0{,}476$$

$$P(W|O) = 0{,}591 \Rightarrow P(\bar{W}|O) = 0{,}409$$

$$P(W|\bar{O}) = 0{,}508 \Rightarrow P(\bar{W}|\bar{O}) = 0{,}492$$

Ein Tipp, wenn man sich nicht sicher ist, was Ereignis und was Bedingung ist: Man überlegt sich das Gegenteil. Und das Gegenteil von „weiblich im Osten“ ist „männlich im Osten“, also ist das Geschlecht das Ereignis und die Herkunft die Bedingung.

a) Die Antwort können wir schon der Aufgabe entnehmen:

$$P(\bar{W}|O)=0{,}409$$

b) Auch das steht schon im Prinzip in der Aufgabe:

$$P(\bar{W})=0{,}476$$

c) Gesucht ist $P(O)$. Diese Wahrscheinlichkeit taucht mit den uns schon bekannten in der Formel der totalen Wahrscheinlichkeit für $P(W)$ auf:

$$\begin{aligned} P(W) &= P(W|O)\cdot P(O)+P(W|\bar{O})\cdot P(\bar{O}) \\ &= P(W|O)\cdot P(O)+P(W|\bar{O})\cdot(1-P(O)) \end{aligned}$$

Wenn wir die Klammer ausmultiplizieren, auf der rechten Seite $P(O)$ ausklammern und umformen, erhalten wir:

$$P(O)=\frac{P(W)-P(W|\bar{O})}{P(W|O)-P(W|\bar{O})}=\frac{0{,}524-0{,}508}{0{,}591-0{,}508}=0{,}193$$

d) Hier tauschen Ereignis und Bedingung ihre Rollen, wir brauchen also den Satz von Bayes (und die Gegenwahrscheinlichkeit der Aufgabe c)):

$$P(\bar{O}|W)=\frac{P(W|\bar{O})\cdot P(\bar{O})}{P(W)}=\frac{0{,}508\cdot 0{,}807}{0{,}524}=0{,}782$$

Lösung zu Aufgabe 60

Wir führen die Bezeichnungen F für „Fehler“ und S für „Sonne scheint“ und erkennen folgende Angaben im Text:

$$P(\bar{S})=\frac{4}{9}\Rightarrow P(S)=\frac{5}{9}$$

$$P(F|S)=0{,}2\Rightarrow P(\bar{F}|S)=0{,}8$$

$$P(F|\bar{S})=0{,}6\Rightarrow P(\bar{F}|\bar{S})=0{,}4$$

a) Die Antwort entnehmen wir dem Text: $P(S) = \frac{5}{9}$

b) Wir kennen die Wahrscheinlichkeiten für einen Fehler unter der Bedingung Sonne oder keine Sonne, gesucht ist die Fehlerwahrscheinlichkeit ohne Bedingung. Also ein Fall für die Formel der totalen Wahrscheinlichkeit:

$$P(F) = P(F|S) \cdot P(S) + P(F|\overline{S}) \cdot P(\overline{S}) = 0{,}2 \cdot 0{,}56 + 0{,}6 \cdot 0{,}44 = 0{,}378$$

c) Das bisherige Ereignis, der Fehler, ist nun die Bedingung. Also jetzt ein Fall für den Satz von Bayes.

$$P(\overline{S}|F) = \frac{P(F|\overline{S}) \cdot P(\overline{S})}{P(F)} = \frac{0{,}6 \cdot 0{,}44}{0{,}378} = 0{,}705$$

Lösung zu Aufgabe 61

Wenn wir die Ereignisse „Test zeigt Doping an“ mit einem T und „Fahrer gedopt“ mit einem D bezeichnen, können wir aus der Aufgabe folgende Wahrscheinlichkeiten entnehmen:

$$P(D) = 0{,}5 \Rightarrow P(\overline{D}) = 0{,}5$$

$$P(T|D) = 0{,}99 \Rightarrow P(\overline{T}|D) = 0{,}01$$

$$P(T|\overline{D}) = 0{,}04 \Rightarrow P(\overline{T}|\overline{D}) = 0{,}96$$

a) Wir kennen die Wahrscheinlichkeiten für einen positiven Test unter der Bedingung gedopt oder nicht gedopt, gesucht ist die Wahrscheinlichkeit für einen positiven Test ohne Bedingung. Also ein Fall für die Formel der totalen Wahrscheinlichkeit:

$$P(T) = P(T|D) \cdot P(D) + P(T|\overline{D}) \cdot P(\overline{D}) = 0{,}99 \cdot 0{,}5 + 0{,}04 \cdot 0{,}5 = 0{,}515$$

b) Der Test war bis jetzt das Ereignis, jetzt ist es die Bedingung. Wir nehmen also den Satz von Bayes:

$$P(D|T) = \frac{P(T \mid D) \cdot P(D)}{P(T)} = \frac{0{,}99 \cdot 0{,}5}{0{,}515} = 0{,}961$$

c) Auch diese Aufgabe ist ein Fall für den Satz von Bayes:

$$P\left(\bar{D}|\bar{T}\right)=\frac{P(\bar{T}\mid\bar{D})\cdot P\left(\bar{D}\right)}{P\left(\bar{T}\right)}=\frac{0{,}96\cdot 0{,}5}{0{,}485}=0{,}990$$

Für den Ausdruck im Nenner brauchen wir die Gegenwahrscheinlichkeit von a).

Lösung zu Aufgabe 62

Bezeichnen wir eine schöne Vorlesung mit V, ein gewonnenes Spiel mit G, ein Unentschieden mit U und eine Niederlage mit N, entnehmen wir folgende Wahrscheinlichkeiten der Aufgabe:

$$P\left(V|G\right)=0{,}9 \quad P\left(V|U\right)=0{,}5 \quad P\left(V|N\right)=0{,}1$$

$$P\left(G\right)=0{,}22 \quad P\left(U\right)=0{,}18 \quad P\left(N\right)=0{,}6$$

a) Gesucht ist die Wahrscheinlichkeit einer schlimmen Vorlesung. Also müssen wir die Gegenwahrscheinlichkeiten der Angaben in der Aufgabe nehmen:

$$\begin{aligned}P\left(\bar{V}\right)&=P\left(\bar{V}|G\right)\cdot P\left(G\right)+P\left(\bar{V}|U\right)\cdot P\left(U\right)+P\left(\bar{V}|N\right)\cdot P\left(N\right)\\&=0{,}1\cdot 0{,}22+0{,}5\cdot 0{,}18+0{,}9\cdot 0{,}6=0{,}652\end{aligned}$$

b) Das Ereignis, die Vorlesung, ist jetzt die Bedingung. Der Satz von Bayes ergibt:

$$P\left(U|V\right)=\frac{P(V\mid U)\cdot P\left(U\right)}{P\left(V\right)}=\frac{0{,}5\cdot 0{,}18}{0{,}348}=0{,}259$$

c) Die einzige Formel, in der die Wahrscheinlichkeiten für eine gute Vorlesung, für Sieg, Unentschieden und Niederlage gemeinsam vorkommen, ist die Formel der totalen Wahrscheinlichkeit:

$$P\left(\mathrm{V}\right)=P\left(\mathrm{V}\mid G\right)\cdot P\left(G\right)+P\left(\mathrm{V}\mid U\right)\cdot P\left(U\right)+P\left(\mathrm{V}\mid N\right)\cdot P\left(N\right)$$

Wir können ja schon einmal alle Werte einsetzen, die wir kennen:

$$0{,}7=0{,}9\cdot P\left(G\right)+0{,}5\cdot 0{,}18+0{,}1\cdot P\left(N\right)$$

Da sich die Wahrscheinlichkeiten von Sieg, Unentschieden und Niederlage zu 1 aufaddieren müssen und die Wahrscheinlichkeit für ein Unentschieden 0,18 ist, muss gelten:

$$P(G)+P(N)=0{,}82 \Rightarrow P(N)=0{,}82-P(G)$$

Das setzen wir in die Gleichung ein:

$$0{,}7=0{,}9\cdot P(G)+0{,}5\cdot 0{,}18+0{,}1\cdot\left(0{,}82-P(G)\right)$$

Wir multiplizieren aus und bringen alle Zahlen auf eine Seite der Gleichung:

$$0{,}528=0{,}9\cdot P(G)-0{,}1\cdot P(G) \Rightarrow P(G)=\frac{0{,}528}{0{,}8}=0{,}66$$

Damit also 70 % der Vorlesungen gut sind und den Studenten Spaß machen, müsste der Lieblingsverein des Dozenten 66 statt 22 Prozent seiner Spiele gewinnen. Das klingt leider utopisch.

Lösung zu Aufgabe 63

Es ist immer sinnvoll, die Ereignisse mit kurzen Bezeichnungen zu versehen und die in der Aufgabe gegebenen Wahrscheinlichkeiten explizit aufzuschreiben. So bezeichnen wir das Ereignis „Mathe-Klausur bestehen“ mit einem M und das Ereignis „Statistik-Klausur bestehen“ mit einem S. Dann sind folgende Wahrscheinlichkeiten in der Aufgabe gegeben:

$$P(M)=0{,}54$$

$$P(M\cap S)=0{,}42$$

$$P(\overline{M}\cap\overline{S})=0{,}27$$

Zusätzlich können wir auf die Wahrscheinlichkeit schließen, die Mathe-Klausur nicht zu bestehen. Das ist nämlich die Gegenwahrscheinlichkeit zur ersten Angabe:

$$P(\overline{M})=0{,}46$$

a) Wenn wir bedenken, dass $P(M \cap S) = P(S \cap M)$ ist, erhalten wir die Lösung aus der Definition der bedingten Wahrscheinlichkeit. Das Wort „wenn“ zeigt uns an, was die Bedingung ist:

$$P(S|M) = \frac{P(S \cap M)}{P(M)} = \frac{0,42}{0,54} = 0,7778$$

b) Hier argumentieren wir vollkommen analog zum Aufgabenteil a):

$$P(\bar{S}|\bar{M}) = \frac{P(\bar{S} \cap \bar{M})}{P(\bar{M})} = \frac{0,27}{0,46} = 0,5870$$

c) Von den bedingten Wahrscheinlichkeiten zur Wahrscheinlichkeit ohne Bedingung kommt man mit dem Satz der totalen Wahrscheinlichkeit. Angewandt auf unser Beispiel lautet der:

$$P(S) = P(S|M) \cdot P(M) + P(S|\bar{M}) \cdot P(\bar{M})$$

Die benötigten Wahrscheinlichkeiten sind in der Aufgabe gegeben bzw. haben wir in a) ausgerechnet. Die noch fehlende Wahrscheinlichkeit $P(S|\bar{M})$ erhalten wir als Gegenwahrscheinlichkeit zu b):

$$P(S|\bar{M}) = 1 - P(\bar{S}|\bar{M}) = 0,4130$$

Wir setzen nun alle Werte in die Formel der totalen Wahrscheinlichkeit ein:

$$P(S) = 0,7778 \cdot 0,54 + 0,4130 \cdot 0,46 = 0,61$$

d) Bislang war die Statistik-Klausur das Ereignis und die Mathe-Klausur die Bedingung. Diese Rollen werden nun getauscht, und die entsprechende Wahrscheinlichkeit ermitteln wir mit dem Satz von Bayes. Die benötigten Wahrscheinlichkeiten waren entweder gegeben oder haben wir bereits ausgerechnet.

$$P(M|S) = \frac{P(S \mid M) \cdot P(M)}{P(S)} = \frac{0,7778 \cdot 0,54}{0,61} = 0,6885$$

Lösung zu Aufgabe 64

Wenn wir das Ereignis „Statistik bestehen“ mit S und „Mathe bestehen“ mit M bezeichnen, sind in der Aufgabe folgende Wahrscheinlichkeiten gegeben:

$$P(S)=0{,}8$$

$$P(M)=0{,}9$$

$$P(S\cup M)=0{,}95$$

Aus den Angaben können wir auch auf die Gegenwahrscheinlichkeiten schließen:

$$P(\overline{S})=0{,}2$$

$$P(\overline{M})=0{,}1$$

a) Die Formel zur Berechnung der Wahrscheinlichkeit zur Vereinigung von Ereignissen (also der oder-Verknüpfung) lautet:

$$P(S\cup M)=P(S)+P(M)-P(S\cap M)$$

Durch Umformung der Gleichung erhalten wir die Wahrscheinlichkeit des Schnitts der Ereignisse (also der und-Verknüpfung), wo wir die gegebenen Werte einsetzen können:

$$P(S\cap M)=P(S)+P(M)-P(S\cup M)=0{,}8+0{,}9-0{,}95=0{,}75$$

b) Weder Mathe noch Statistik zu bestehen heißt, nicht mindestens eine der Klausuren zu bestehen, also gilt:

$$P(\overline{M}\cap\overline{S})=1-P(M\cup S)=1-P(S\cup M)=0{,}05$$

c) Gesucht ist also die Wahrscheinlichkeit $P(S\cap\overline{M})$. Der Student muss also Statistik bestehen, darf aber nicht gleichzeitig auch Mathe bestehen. Das kann man sich gut mit einer Zeichnung veranschaulichen:

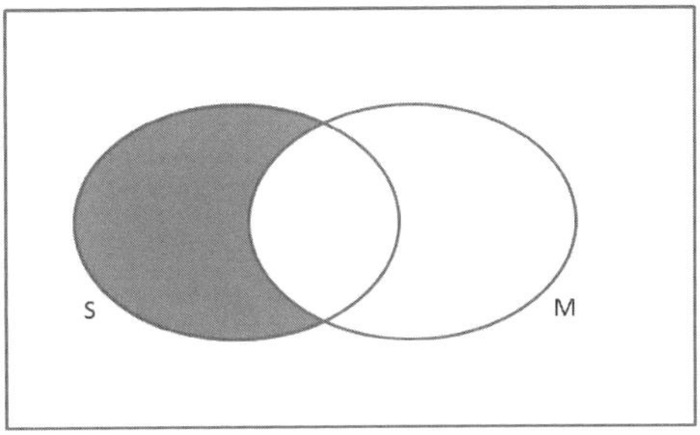

Die dunkel dargestellte Fläche steht für die Studenten, die Statistik, aber nicht Mathe bestehen. Von der Menge S wird also die Schnittmenge „weggenommen“. Für die Wahrscheinlichkeiten heißt das:

$$P(S \cap \bar{M}) = P(S) - P(S \cap M) = 0{,}8 - 0{,}75 = 0{,}05$$

d) Wir wissen, dass der Student Statistik bestanden hat. Das ist also eine Bedingung, die erfüllt ist, und damit befinden wir uns nun im Bereich der bedingten Wahrscheinlichkeit. Nach deren Definition erhalten wir:

$$P(M|S) = \frac{P(M \cap S)}{P(S)} = \frac{0{,}75}{0{,}8} = 0{,}9375$$

e) Wieder wissen wir etwas, nämlich, dass der Student Mathe nicht bestanden hat, was also die Bedingung ist, die erfüllt ist. Wir benutzen wieder die Definition der bedingten Wahrscheinlichkeit:

$$P(\bar{S}|\bar{M}) = \frac{P(\bar{S} \cap \bar{M})}{P(\bar{M})} = \frac{0{,}05}{0{,}1} = 0{,}5$$

Lösung zu Aufgabe 65

a) Der Trainer muss aus 11 Spielern 5 auswählen. Keiner kann doppelt ausgewählt werden, daher entspricht dieser Vorgang dem Ziehen von Kugeln ohne Zurücklegen. Wenn der Trainer nicht die Reihenfolge bestimmt, ist es egal, in welcher Reihenfolge gezogen wird. Also: Ziehen aus einer Urne ohne Zurücklegen, ohne Reihenfolge. Die entsprechende Anzahl wird ausgerechnet mit dem Binomialkoeffizienten. Es gibt also $\binom{11}{5} = 462$ Möglichkeiten.

b) Das Ziehen erfolgt nach wie vor ohne Zurücklegen, nur spielt jetzt die Reihenfolge eine Rolle. Wir rechnen die Anzahl der Möglichkeiten nun nicht mehr mit dem Binomialkoeffizienten aus, sondern mit dem Quotienten $\frac{n!}{(n-k)!}$. Der Trainer hat nun also $\frac{11!}{6!} = 55400$ Möglichkeiten.

c) Jeder Elfmeter ist ein Bernoulli-Experiment: Der Ball ist drin (mit Wahrscheinlichkeit 0,76) oder eben nicht (mit Wahrscheinlichkeit 0,24). Fünf Elfmeter bilden dann eine Bernoulli-Kette, die Wahrscheinlichkeit für die Anzahl der Erfolge unterliegt einer Binomial-Verteilung. Wenn gefragt ist, mit wie vielen verwandelten Elfmetern zu rechnen ist, geht es dabei um den Erwartungswert. die erwartete Anzahl der Erfolge:

$$\mu = n \cdot p = 5 \cdot 0{,}76 = 3{,}8$$

d) Mehr als drei Elfmeter bedeutet, es müssen vier oder fünf sein. Diese Wahrscheinlichkeiten berechnen wir mit der Binomial-Verteilung und addieren sie:

$$P(X>3) = P(X=4) + P(X=5) = \binom{5}{4} \cdot 0{,}76^4 \cdot 0{,}24^1 + \binom{5}{5} \cdot 0{,}76^5 \cdot 0{,}24^0$$
$$= 0{,}4003 + 0{,}2536 = 0{,}6539$$

Die Wahrscheinlichkeit ist also 65,39 %.

e) Wenn der vierte Elfmeter der erste verwandelte ist, sind vorher drei verschossen worden (Wahrscheinlichkeit 0,24) und der vierte sitzt. Das ist ein Fall für die Geometrische Verteilung:

$$P(Y=3) = 0{,}24^3 \cdot 0{,}76 = 0{,}0105$$

Die Wahrscheinlichkeit beträgt also 1,05 %.

Lösung zu Aufgabe 66

a) Von 482 Motiven kommen immer fünf verschiedene in eine Tüte. Es handelt sich also um ein Ziehen ohne Zurücklegen (sonst wäre mehrfach dasselbe Motiv möglich). Die Reihenfolge, in der die Bilder in eine Tüte gepackt werden, ist egal. Die Anzahl der verschiedenen Tüten berechnen wir also mit dem Binomialkoeffizienten:

$$\binom{482}{5} = 2{,}123 \cdot 10^{11}$$

Bei dieser großen Zahl verwundert es nicht, dass man als Sammler immer so viele Doppelte hat.

b) Durch das Urnenmodell ausgedrückt, hat man es mit folgender Situation zu tun: Von den 482 Kugeln in der Urne ist eine markiert (das Portraitfoto von Lena Goeßling). Diese markierte Kugel muss gezogen werden, die vier anderen Kugeln, die wir ziehen, können beliebig von den 481 übrigen Kugeln gezogen werden. Die Wahrscheinlichkeit berechnen wir mit der Hypergeometrischen Verteilung (Stichwort: Anzahl der günstigen Fälle geteilt durch Anzahl aller Fälle):

$$P(\mathit{Lenas\,Portrait}) = \frac{\binom{1}{1} \cdot \binom{481}{4}}{\binom{482}{5}} = \frac{5}{482} = 0{,}0104$$

Die Wahrscheinlichkeit, Lenas Portrait zu bekommen, ist also 1,04 %.

c) Die geringstmögliche Anzahl an Tüten erhalten wir theoretisch, wenn wir überhaupt keine doppelten Bilder haben. Rechnerisch ergibt sich $\frac{482}{5} = 96{,}4$. Wir bräuchten also mindestens 97 Tüten.

Lösung zu Aufgabe 67

Diese Art Lotterie ist die klassische Anwendung für die Hypergeometrische Verteilung. Auf den Kugeln stehen die Zahlen, die gezogen werden können. Die markierten Kugeln sind die Zahlen, die man auf seinem Tippschein angekreuzt hat. Mit X bezeichnen wir das Ziehen aus den 50, mit Y das Ziehen aus den 8.

a) Wir rechnen die Wahrscheinlichkeit aus, 5 aus 50 und 2 aus 8 richtig zu haben. Da beides geschehen muss (und-Verknüpfung der Ereignisse) müssen wir die Wahrscheinlichkeiten multiplizieren:

$$P(X=5\,und\,Y=2)=\frac{\binom{5}{5}\cdot\binom{45}{0}}{\binom{50}{5}}\cdot\frac{\binom{2}{2}\cdot\binom{6}{0}}{\binom{8}{2}}=\frac{1}{2118760}\cdot\frac{1}{28}=\frac{1}{59325280}$$

$$=1{,}686\cdot 10^{-8}$$

b) Analog zu a) berechnen wir die Wahrscheinlichkeit für 2 aus 50 und 1 aus 8. 2 der gezogenen Zahlen müssen unter den 5 von uns angekreuzten Zahlen sein, außerdem eine der im anderen Feld angekreuzten muss unter den 2 von uns angekreuzten sein:

$$P(X=2\,und\,Y=1)=\frac{\binom{5}{2}\cdot\binom{45}{3}}{\binom{50}{5}}\cdot\frac{\binom{2}{1}\cdot\binom{6}{1}}{\binom{8}{2}}=\frac{141900}{2118760}\cdot\frac{12}{28}=0{,}0287$$

c) Man hat überhaupt gewonnen, wenn man sowohl mindestens 2 aus 50 als auch mindestens 1 aus 8 richtig hat. Diese beiden Wahrscheinlichkeiten rechnen wir aus und multiplizieren sie dann (Stichwort und-Verknüpfung von Ereignissen). Bei der Berechnung der einzelnen Ereignisse sparen wir viel Arbeit, wenn wir den Weg über das Gegenereignis gehen.

$$P(X\geq 2)=1-P(X<2)=1-\left(P(X=0)+P(X=1)\right)$$

$$=1-\left(\frac{\binom{5}{0}\cdot\binom{45}{5}}{\binom{50}{5}}+\frac{\binom{5}{1}\cdot\binom{45}{4}}{\binom{50}{5}}\right)$$

$$=1-\left(\frac{1221759}{2118760}+\frac{744975}{2118760}\right)=0{,}0718$$

$$P(Y\geq 1)=1-P(Y<1)=1-P(Y=0)=1-\frac{\binom{2}{0}\cdot\binom{6}{2}}{\binom{8}{2}}=1-\frac{1}{56}=0{,}9821$$

Wenn wir diese beiden Wahrscheinlichkeiten miteinander multiplizieren, erhalten wir die Wahrscheinlichkeit, überhaupt zu gewinnen. Diese ist dann $0{,}0718 \cdot 0{,}9821 = 0{,}0705$. Man hat also eine Gewinnwahrscheinlichkeit von 7,05 %.

Lösung zu Aufgabe 68

Die Ziehung der 6 Kugeln unterliegt der Hypergeometrischen Verteilung: Es wird ohne Zurücklegen gezogen, und die Reihenfolge, in der die Gewinnzahlen gezogen werden, spielt für den Gewinn keine Rolle. Für die Superzahl kommen zehn mögliche Ziffern (von 0 bis 9) in Frage, man hat also mit einer Wahrscheinlichkeit von $\frac{1}{10}$ die richtige.

a) Für die höchste Gewinnklasse müssen die 6 angekreuzten (markierten) Zahlen mit den 6 Gewinnzahlen übereinstimmen:

$$P(X=6) = \frac{\binom{6}{6} \cdot \binom{43}{0}}{\binom{49}{6}} = \frac{1}{13983816}$$

Für die höchste Gewinnklasse muss auch noch die Superzahl stimmen, wie oben gesehen, ist die Wahrscheinlichkeit dafür $\frac{1}{10}$. Da beides zutreffen muss (Stichwort und Verknüpfung von Ereignissen), müssen wir diese beiden Wahrscheinlichkeiten multiplizieren und erhalten als Wahrscheinlichkeit für die höchste Gewinnklasse $\frac{1}{139838160}$, das sind die in der Werbung so oft zitierten 1 zu 140 Millionen.

b) Für die niedrigste Gewinnklasse muss man zunächst zwei Richtige haben:

$$P(X=2) = \frac{\binom{6}{2} \cdot \binom{43}{4}}{\binom{49}{6}} = \frac{1851150}{13983816} = 0{,}1324$$

Wegen der benötigten Superzahl müssen wir auch diesen Wert mit einem Zehntel multiplizieren und erhalten als Wahrscheinlichkeit für die niedrigste Gewinnklasse 0,0132 oder 1,32 %.

c) Die Wahrscheinlichkeit, überhaupt zu gewinnen, ist etwas komplizierter: Entweder man hat die Superzahl und mindestens zwei Richtige, oder man hat die Superzahl nicht und mindestens drei Richtige. Wir wollen diese Wahrscheinlichkeiten getrennt voneinander berechnen und dann addieren (Stichwort oder-Verknüpfung von Ereignissen).

$$P(X \geq 2) = 1 - P(X < 2) = 1 - \left(P(X=0) + P(X=1)\right)$$

$$= 1 - \left(\frac{\binom{6}{0} \cdot \binom{43}{6}}{\binom{49}{6}} + \frac{\binom{6}{1} \cdot \binom{43}{5}}{\binom{49}{6}} \right) = 1 - 0{,}8490 = 0{,}1510$$

Zusätzlich müssen wir ja die Superzahl richtig haben, also müssen wir diese Wahrscheinlichkeit noch mit einem Zehntel multiplizieren. Wir kommen für den ersten Fall also auf eine Wahrscheinlichkeit von 0,0151.

Für den zweiten Fall, dass die Superzahl falsch ist, benötigen wir mindestens drei Richtige:

$$P(X \geq 3) = 1 - P(X < 3) = 1 - \left(P(X=0) + P(X=1) + P(X=2)\right)$$

$$= 1 - \left(\frac{\binom{6}{0} \cdot \binom{43}{6}}{\binom{49}{6}} + \frac{\binom{6}{1} \cdot \binom{43}{5}}{\binom{49}{6}} + \frac{\binom{6}{2} \cdot \binom{43}{4}}{\binom{49}{6}} \right) = 1 - 0{,}9814$$

$$= 0{,}0186$$

Jetzt haben wir gleichzeitig die Superzahl nicht richtig, müssen dieses also noch mit $\frac{9}{10}$ multiplizieren, kommen in diesem Fall also auf eine Wahrscheinlichkeit von 0,0168.

Schließlich müssen wir die Wahrscheinlichkeiten der beiden Fälle addieren, da ja der eine oder der andere Weg zu einem Gewinn führt. Beim handelsüblichen Zahlenlotto beträgt also die Wahrscheinlichkeit, überhaupt zu gewinnen, 0,0319 oder 3,19 %.

Lösung zu Aufgabe 69

a) Hierbei handelt es sich um eine Bernoulli-Kette: fünf Experimente mit einer Erfolgswahrscheinlichkeit von jeweils $\frac{3}{8}$. Gesucht ist die Wahrscheinlichkeit für zwei Erfolge, wir brauchen also die Binomial-Verteilung.

$$P(X=2)=\binom{5}{2}\cdot\left(\frac{3}{8}\right)^2\cdot\left(\frac{5}{8}\right)^3=0{,}3433$$

b) Hier haben wir eine Bernoulli-Kette, bei der nach drei Fehlversuchen der erste Erfolg eintritt. Wir benötigen also die Geometrische Verteilung.

$$P(Y=3)=\left(\frac{5}{8}\right)^3\cdot\frac{3}{8}=0{,}0916$$

c) Hier haben wir es nicht mit einer Bernoulli-Kette zu tun, da ein schon einmal ausgewählter Kuchentyp nicht nochmal gewählt wird. Somit ändert sich nach jeder „Ziehung" die Wahrscheinlichkeit, dass ein bestimmter Kuchen ausgewählt wird. Bei einer Bernoulli-Kette muss die Wahrscheinlichkeit bei jedem Versuch gleich groß sein (so kann es passieren, dass man mehrmals denselben Kuchen bekommt). Somit haben wir es hiermit mit einer Hypergeometrischen Verteilung zu tun (und bekommen definitiv fünf verschiedene Kuchenstücke).

$$P(Z=2)=\frac{\binom{3}{2}\cdot\binom{5}{3}}{\binom{8}{5}}=\frac{30}{56}=0{,}5357$$

d) Wir müssen jetzt für die Binomial-Verteilung aus a) und die Hypergeometrische Verteilung aus c) den Erwartungswert bestimmen.

$$\mu_X=n\cdot p=5\cdot\frac{3}{8}=1{,}875$$

$$\mu_Z=n\cdot\frac{K}{N}=5\cdot\frac{3}{8}=1{,}875$$

Man erwartet also gleichviel Schokokuchen, egal, für welche Kaufstrategie man sich entscheidet.

Lösung zu Aufgabe 70

a) Es handelt sich um eine Bernoulli-Kette mit zehn Experimenten, die jeweils eine Erfolgswahrscheinlichkeit von $\frac{1}{3}$ haben. Gesucht sind der Erwartungswert und die Wahrscheinlichkeit für mindestens acht richtige Antworten.

$$\mu = n \cdot p = 10 \cdot \frac{1}{3} = 3{,}33$$

$$\begin{aligned} P(X \geq 8) &= P(X=8) + P(X=9) + P(X=10) \\ &= \binom{10}{8} \cdot \left(\frac{1}{3}\right)^8 \cdot \left(\frac{2}{3}\right)^2 + \binom{10}{9} \cdot \left(\frac{1}{3}\right)^9 \cdot \left(\frac{2}{3}\right)^1 + \binom{10}{10} \cdot \left(\frac{1}{3}\right)^{10} \cdot \left(\frac{2}{3}\right)^0 \\ &= 3{,}404 \cdot 10^{-3} \end{aligned}$$

b) Das Einzige, was sich im Vergleich zu a) ändert, ist dass die Erfolgswahrscheinlichkeit bei jeder Frage nun $\frac{2}{3}$ beträgt.

$$\mu = n \cdot p = 10 \cdot \frac{2}{3} = 6{,}67$$

$$\begin{aligned} P(X \geq 8) &= P(X=8) + P(X=9) + P(X=10) \\ &= \binom{10}{8} \cdot \left(\frac{2}{3}\right)^8 \cdot \left(\frac{1}{3}\right)^2 + \binom{10}{9} \cdot \left(\frac{2}{3}\right)^9 \cdot \left(\frac{1}{3}\right)^1 + \binom{10}{10} \cdot \left(\frac{2}{3}\right)^{10} \cdot \left(\frac{1}{3}\right)^0 \\ &= 0{,}299 \end{aligned}$$

c) Bei jeder Frage gibt es nun eine Erfolgswahrscheinlichkeit von $\frac{1}{3}$, $\frac{2}{3}$ oder 1, jeweils mit einer Wahrscheinlichkeit von $\frac{1}{3}$. Es gilt also:

$$p = \frac{1}{3} \cdot \frac{1}{3} + \frac{1}{3} \cdot \frac{2}{3} + \frac{1}{3} \cdot 1 = \frac{2}{3}$$

Es kommt also dasselbe heraus wie bei Aufgabe b).

Lösung zu Aufgabe 71

a) Bei dieser Strategie handelt es sich um eine Bernoulli-Kette mit 25 Experimenten und der jeweiligen Erfolgswahrscheinlichkeit 0,08. Benötigt wird also die Binomial-Verteilung.

$$P(X=2)=\binom{25}{2}\cdot 0{,}08^2\cdot 0{,}92^{23}=0{,}2821$$

b) Auch hier haben wir eine Bernoulli-Kette, brauchen aber die Geometrische Verteilung, da wir ja die Anzahl der Versuche bis zum ersten Erfolg zählen.

$$P(Y=6)=0{,}92^6\cdot 0{,}08=0{,}0485$$

c) Um die beiden Strategien vergleichen zu können, müssen wir die Erwartungswerte der Binomial-Verteilung (für a)) und der Geometrischen Verteilung (für b)) berechnen.

$$\mu_X=n\cdot p=25\cdot 0{,}08=2$$

$$\mu_Y=\frac{1-p}{p}=\frac{0{,}92}{0{,}08}=11{,}5$$

Diese Werte müssen wir jetzt interpretieren. Bei der Binomial-Verteilung geht es um die Anzahl der Erfolge. Wir haben also im Schnitt bei 25 Versuchen zwei Erfolge.

Bei der Geometrischen Verteilung geht es um die Anzahl der Fehlversuche bis zum Erfolg. Wir haben also im Schnitt 11,5 Fehlversuche vor einem Erfolg. Das heißt, wir haben im Schnitt 23 Fehlversuche für zwei Erfolge. Das ist genau die Situation bei der Binomial-Verteilung.

Beide Strategien sind also gleich erfolgreich. Müssen sie ja auch sein, denn bei jedem Versuch haben wir die identische Erfolgswahrscheinlichkeit.

Lösung zu Aufgabe 72

a) Falsch wäre an dieser Stelle die Antwort, dass 0,51 näher am Erwartungswert 0,5 liegt, so dass die Wahrscheinlichkeit größer sein muss. Vielmehr handelt es sich sowohl bei 0,51 also auch 0,48 um Elementarereignisse, die beide eine Wahrscheinlichkeit von Null haben. Die Antwort lautet also: Beides ist gleichwahrscheinlich.

b) Sinnvoll ist es, zunächst aufzuschreiben, was man ausrechnen soll. In dieser Aufgabe wird gesucht $P(0{,}48 \leq X \leq 0{,}51)$. Die Zufallsvariable liegt in einem Intervall, wir werden also eine positive Wahrscheinlichkeit herausbekommen. Zur Lösung standardisieren wir und erinnern uns daran, dass wir dann die Verteilungsfunktion an der Stelle der Obergrenze minus Verteilungsfunktion an der Untergrenze berechnen müssen. Die Werte schauen wir in der Tabelle der Standard-Normalverteilung nach.

$$
\begin{aligned}
P(0{,}48 \leq X \leq 0{,}51) &= P\left(\frac{0{,}48-0{,}5}{0{,}05} \leq Z \leq \frac{0{,}51-0{,}5}{0{,}05}\right) = P(-0{,}4 \leq Z \leq 0{,}2) \\
&= \Phi(0{,}2) - \Phi(-0{,}4) = \Phi(0{,}2) - (1 - \Phi(0{,}4)) \\
&= \Phi(0{,}2) + \Phi(0{,}4) - 1 = 0{,}57926 + 0{,}65542 - 1 = 0{,}23468
\end{aligned}
$$

c) Gefragt ist nach der Menge, die sich mit einer Wahrscheinlichkeit von 90% mindestens in einer Dose befindet. Nennen wir diese Menge t, dann muss sich also mehr als t in der Dose befinden. Wir schreiben das auf, standardisieren und benutzen nun die Tabelle, um zu einer gegebenen Wahrscheinlichkeit den zugehörigen z-Wert zu ermitteln.

$$
\begin{aligned}
P(X > t) = 0{,}9 &\Rightarrow P\left(Z > \frac{t-0{,}5}{0{,}05}\right) = 0{,}9 \Rightarrow P\left(Z < -\frac{t-0{,}5}{0{,}05}\right) = 0{,}9 \Rightarrow -\frac{t-0{,}5}{0{,}05} \\
&= 1{,}285 \Rightarrow t = 0{,}5 - 0{,}05 \cdot 1{,}285 = 0{,}43575
\end{aligned}
$$

Also befinden sich mit einer Wahrscheinlichkeit von 90% mindestens 0,43575 l Bier in einer Dose.

Lösung zu Aufgabe 73

a) Hierbei handelt es sich um ein Elementarereignis, nicht um ein Intervall. Daher ist die Wahrscheinlichkeit Null.

b) Weniger als 50% des Durchschnittseinkommens wären weniger als 1500,00 EUR. Das Durchschnittseinkommen ist der Erwartungswert der Normalverteilung. Zudem ist aufgrund der Tatsache, dass das Elementarereignis eine Wahrscheinlichkeit von Null hat, die Wahrscheinlichkeit für ein <-Ereignis genauso groß wie die Wahrscheinlichkeit für ein ≤-Ereignis.

$$P(X<1500)=P\left(Z<\frac{1500-3000}{1600}\right)=P\left(Z\leq\frac{-1500}{1600}\right)=\Phi(-0{,}9375)$$
$$=1-\Phi(0{,}9375)\approx 1-\Phi(0{,}94)=1-0{,}82639=0{,}17361$$

c) Da nach einem Mindesteinkommen gefragt ist, muss die Zufallsvariable größer als ein bestimmter Wert (wir nennen ihn t) sein.

$$P(X>t)=0{,}05\Rightarrow P(X\leq t)=0{,}95\Rightarrow P\left(Z\leq\frac{t-3000}{1600}\right)=0{,}95\Rightarrow\frac{t-3000}{1600}$$
$$=1{,}645\Rightarrow t=3000+1600\cdot 1{,}645=5632$$

Damit haben die obersten 5% der Haushalte ein Einkommen von mindestens 5632,00 EUR.

Lösung zu Aufgabe 74

Es bietet sich an, das Gegenereignis zu betrachten. Unter Beachtung der unterschiedlichen Dimensionen liegt der Toleranzbereich zwischen 7,95 cm und 8,05 cm. Der Erwartungswert ist 8,1 cm, die Standardabweichung 0,1 cm. Wir schreiben die Wahrscheinlichkeit auf, standardisieren die Zufallsvariable, gehen über zur Verteilungsfunktion und schauen die Wahrscheinlichkeiten in der Tabelle der Standard-Normalverteilung nach.

$$\begin{aligned}P(7{,}95 \le X \le 8{,}05) &= P\left(\frac{7{,}95-8{,}1}{0{,}1} \le Z \le \frac{8{,}05-8{,}1}{0{,}1}\right)\\&= P(-1{,}5 \le Z \le -0{,}5) = \Phi(-0{,}5)-\Phi(-1{,}5)\\&= 1-\Phi(0{,}5)-\left(1-\Phi(1{,}5)\right) = \Phi(1{,}5)-\Phi(0{,}5)\\&= 0{,}93319-0{,}69146 = 0{,}24173\end{aligned}$$

Nun müssen wir noch die Gegenwahrscheinlichkeit berechnen, da ja gefragt war nach dem Anteil der Produktion, die außerhalb des Toleranzbereiches liegt: $1-0{,}24173=0{,}75827$

Lösung zu Aufgabe 75

a) Es handelt sich um ein Elementarereignis, das eine Wahrscheinlichkeit von Null hat.

b) Wie gehabt beginnen wir damit, die Wahrscheinlichkeit aufzuschreiben, um danach zu standardisieren.

$$\begin{aligned}P(0{,}38 \le X \le 0{,}41) &= P\left(\frac{0{,}38-0{,}39}{0{,}04} \le Z \le \frac{0{,}41-0{,}39}{0{,}04}\right)\\&= P(-0{,}25 \le Z \le 0{,}5) = \Phi(0{,}5)-\Phi(-0{,}25)\\&= \Phi(0{,}5)-\left(1-\Phi(0{,}25)\right) = \Phi(0{,}5)+\Phi(0{,}25)-1\\&= 0{,}69146+0{,}59871-1 = 0{,}29017\end{aligned}$$

c) Der Erwartungswert ist jetzt nicht mehr der in der Aufgabe gegebene, sondern soll ausgerechnet werden. Er taucht im Rahmen unserer Rechnung bei der Standardisierung auf.

$$P(X < 0{,}35) = 0{,}02 \Rightarrow P\left(Z < \frac{0{,}35-\mu}{0{,}04}\right) = 0{,}02$$

An dieser Stelle nutzen wir erstens die Symmetrie der Standard-Normalverteilung und zweitens die Tatsache, dass es für die Wahrscheinlichkeit unerheblich ist, ob der Grenzwert dabei ist oder weggelassen wird:

$$P\left(Z \le -\frac{0{,}35-\mu}{0{,}04}\right)=0{,}98 \Rightarrow -\frac{0{,}35-\mu}{0{,}04}=2{,}055 \Rightarrow$$

$$\mu=0{,}35+0{,}04\cdot 2{,}055=0{,}4322$$

Der Erwartungswert des Zapfens müsste also 0,43221 sein.

Lösung zu Aufgabe 76

a) So unwahrscheinlich es klingt: Beides sind Elementarereignisse mit einer Wahrscheinlichkeit von Null.

b) Ganz geradlinig: Wahrscheinlichkeit hinschreiben, normalisieren, nachgucken.

$$P(X\ge 50)=P\left(Z\ge \frac{50-70}{20}\right)=P(Z\ge -1)=P(Z\le 1)=0{,}84134$$

Das ist doch für die Studierenden eine gute Nachricht.

c) Der Ansatz ist im Prinzip ähnlich wie bei b), nur dass bei der Normalisierung jetzt der Erwartungswert unbekannt ist.

$$P(X\ge 50)=P\left(Z\ge \frac{50-\mu}{20}\right)=0{,}9 \Rightarrow P\left(Z\le -\frac{50-\mu}{20}\right)=0{,}9 \Rightarrow -\frac{50-\mu}{20}$$
$$=1{,}285 \Rightarrow \mu=50+20\cdot 1{,}285=75{,}7$$

Wenn der Dozent sehr positiv korrigiert, müssen sich die Studierenden praktisch keine Sorgen machen.

Lösung zu Aufgabe 77

a) Übliche Vorgehensweise:

$$P(120\le X\le 130)=P\left(\frac{120-125}{5}\le Z\le \frac{130-125}{5}\right)=P(-1\le Z\le 1)$$
$$=\Phi(1)-\Phi(-1)=\Phi(1)-(1-\Phi(1))=2\cdot\Phi(1)-1$$
$$=2\cdot 0{,}84134-1=0{,}68268$$

b) Auch hier gehen wir wie gewohnt vor: Zuerst schreiben wir die Wahrscheinlichkeit hin, die wir ausrechnen wollen, dann standardisieren wir die Zufallsvariable und benutzen schließlich die Tabelle der Standard-Normalverteilung.

$$P(X<110)=P\left(Z<\frac{110-125}{20}\right)=P(Z<-0{,}75)=P(Z\leq -0{,}75)$$
$$=\Phi(-0{,}75)=51-\Phi(0{,}75)=1-0{,}77337=022663$$

c) Diesmal ist die Wahrscheinlichkeit gegeben, gesucht ist ein Wert (nennen wir ihn t), der von der Zufallsvariablen X mit der gegebenen Wahrscheinlichkeit überschritten wird. Das schreiben wir auf:

$$P(X>t)=0{,}01\Rightarrow P(X\leq t)=0{,}99\Rightarrow P\left(Z\leq\frac{t-125}{5}\right)=0{,}99\Rightarrow\frac{t-125}{5}$$
$$=2{,}325\Rightarrow t=125+5\cdot 2{,}325=136{,}625$$

Mit einem Prozent Wahrscheinlichkeit befinden sich also mehr als 136,625 g in einer Packung.

Lösung zu Aufgabe 78

a) Sei die normalverteilte Zufallsvariable X die Rendite. Die soll positiv sein:

$$P(X>0)=P\left(Z>\frac{0-0{,}15}{0{,}1}\right)=\mathrm{P}(\mathrm{Z}>-1{,}5)=\mathrm{P}(\mathrm{Z}<1{,}5)=\mathrm{P}(\mathrm{Z}\leq 1{,}5)$$
$$=\Phi(1{,}5)=0{,}93319$$

b) Gesucht ist jetzt ein Wert (nennen wir ihn t), über dem die Rendite X mit einer Wahrscheinlichkeit von 90 % liegt.

$$P(X\geq t)=0{,}9\Rightarrow P(X\leq -t)=0{,}9\Rightarrow P\left(Z\leq -\frac{t-0{,}15}{0{,}1}\right)=0{,}9\Rightarrow -\frac{t-0{,}15}{0{,}1}$$
$$=1{,}285\Rightarrow t=0{,}15-0{,}1\cdot 1{,}285=0{,}0215$$

Man kann also mit einer Wahrscheinlichkeit von 90 % davon ausgehen, eine Rendite von mindestens 2,15 % zu erwirtschaften.

Lösung zu Aufgabe 79

a) Wir haben diese Art Ansatz schon mehrfach verwendet:

$$\begin{aligned}P(0{,}92 \le X \le 1{,}04) &= P\left(\frac{0{,}92-1}{0{,}05} \le Z \le \frac{1{,}04-1}{0{,}05}\right) = P(-1{,}6 \le Z \le 0{,}8)\\ &= \Phi(0{,}8) - \Phi(-1{,}6) = \Phi(0{,}8) - (1-\Phi(1{,}6))\\ &= \Phi(0{,}8) + \Phi(1{,}6) - 1 = 0{,}78814 + 0{,}94520 - 1 = 0{,}73334\end{aligned}$$

b) Wenn nach der Varianz des Zapfens gefragt ist, ist die bei der Standardisierung auftauchende Standardabweichung unbekannt.

$$\begin{aligned}P(X < 0{,}95) = 0{,}01 &\Rightarrow P\left(Z < \frac{0{,}95-1}{\sigma}\right) = 0{,}01 \Rightarrow P\left(Z < -\frac{0{,}95-1}{\sigma}\right)\\ &= 0{,}99 \Rightarrow -\frac{0{,}95-1}{\sigma} = 2{,}325 \Rightarrow \sigma = -\frac{0{,}95-1}{2{,}325} = 0{,}0215\end{aligned}$$

Da die Varianz gesucht ist, müssen wir diesen Wert quadrieren und erhalten $4{,}6248 \cdot 10^{-4}$.

Lösung zu Aufgabe 80

a) Den Weltrekord zu unterbieten bedeutet, weniger als 19,1 Minuten zu brauchen.

$$\begin{aligned}P(X < 19{,}1) &= P\left(Z < \frac{19{,}1-21}{0{,}5}\right) = P(Z \le -3{,}8) = \Phi(-3{,}8) = 1 - \Phi(3{,}8)\\ &= 1 - 0{,}99993 = 0{,}00007\end{aligned}$$

Ohne ihn demotivieren zu wollen, müssen wir sagen, es ist äußerst unwahrscheinlich, dass der Weltrekord von diesem Läufer gebrochen wird.

b) Nennen wir die Zeit, die er mindestens läuft, t. Dann gilt:

$$P(X \geq t) = 0{,}9 \Rightarrow P(X \leq -t) = 0{,}9 \Rightarrow P\left(Z \leq -\frac{t-21}{0{,}5}\right) = 0{,}9 \Rightarrow -\frac{t-21}{0{,}5}$$
$$= 1{,}285 \Rightarrow t = 21 - 0{,}5 \cdot 1{,}285 = 20{,}3575$$

Mit einer Wahrscheinlichkeit von 90 % läuft er mindestens 20,3575 Minuten.

c) Manchmal ist es einfach: Die Erwartungswerte müssen nur addiert werden (etwa wie bei der Augensumme von mehreren Würfeln). Wir rechnen also: 21 + 20 + 23 + 24 = 88 Minuten.

d) Die Laufzeit unterliegt der Normalverteilung:

$$P(20 \leq X \leq 22) = P\left(\frac{20-21}{0{,}5} \leq Z \leq \frac{22-21}{0{,}5}\right) = P(-2 \leq Z \leq 2)$$
$$= \Phi(2) - \Phi(-2) = \Phi(2) - (1 - \Phi(2)) = 2 \cdot \Phi(2) - 1$$
$$= 2 \cdot 0{,}97725 - 1 = 0{,}9545$$

Das Schießen auf die Scheibe können wir modellieren als Bernoulli-Kette mit n = 5 und p = 0,4. Wir benötigen also die Binomial-Verteilung:

$$P(X = 4) = \binom{5}{4} \cdot 0{,}4^4 \cdot 0{,}6^1 = 0{,}0768$$

$$P(X = 3) = \binom{5}{3} \cdot 0{,}4^3 \cdot 0{,}6^2 = 0{,}2304$$

Da diese Ereignisse alle eintreten sollen, sie also mit „und" verknüpft sind, müssen wir die Wahrscheinlichkeiten multiplizieren und kommen so zu einer Gesamtwahrscheinlichkeit von 0,0169.

5 Induktive Statistik: Test- und Schätztheorie

Im Gegensatz zur beschreibenden Statistik, bei der Aussagen über die Grundgesamtheit getroffen werden, indem man alle Elemente dieser Menge untersucht, betrachtet man bei der schließenden (oder auch induktiven) Statistik nur eine Teilmenge. Dies ist insbesondere dann sinnvoll, wenn die Grundmenge sehr groß ist. Aufgrund der Untersuchung dieser Teilmenge, die man dann „Stichprobe“ nennt, sollen Aussagen für die Grundgesamtheit getroffen werden.

5.1 Aufgaben

5.1.1 Schätztheorie

In diesem Kapitel wollen wir uns mit der Schätztheorie beschäftigen. Das heißt, es sollen unbekannte Parameter der Grundgesamtheit wie Anteilswerte, Erwartungswerte oder Varianzen geschätzt werden. Wir wollen uns auf die Schätzung von Erwartungswerten beschränken.

Grundsätzlich gibt es zwei Arten zu schätzen: die Punktschätzung und die Intervallschätzung. Bei der Punktschätzung wird nur ein Wert ermittelt. Das geht sehr schnell, andererseits erhält man keine Information darüber, wie gut (heißt: wie genau) die Schätzung ist. Dieses Manko wird durch die Intervallschätzung behoben. Bei ihr wird eine Wahrscheinlichkeit vorgegeben, mit der sich der tatsächliche Wert im geschätzten Intervall befindet. Diese nennt man Sicherheitswahrscheinlichkeit oder auch Konfidenzniveau (das Intervall heißt dann Konfidenzintervall), und sie hat den Wert $1-\alpha$. Die Gegenwahrscheinlichkeit, also α, wäre dann die Irrtumswahrscheinlichkeit.

Die Stichprobe besteht aus n Elementen, und wenn man diese zufällig aus der Grundgesamtheit „zieht" und die Grundgesamtheit sehr groß ist (oder wir mit Zurücklegen ziehen), kann man davon ausgehen, dass es sich dabei um die Realisationen von n unabhängig identisch verteilten Zufallsvariablen handelt, die alle den Erwartungswert μ und die Standardabweichung σ haben. Wenn wir als Punktschätzer für den Erwartungswert naheliegenderweise das arithmetische Mittel nehmen, folgt aus dem Gesetz der großen Zahlen, dass dieses arithmetische Mittel eine normalverteilte Zufallsvariable mit Erwartungswert μ und Standardabweichung $\frac{\sigma}{\sqrt{n}}$ ist.

Werfen wir also einen Blick auf die Standardnormalverteilung. Ein symmetrisches $(1-\alpha)$-Intervall um den Erwartungswert sieht folgendermaßen aus:

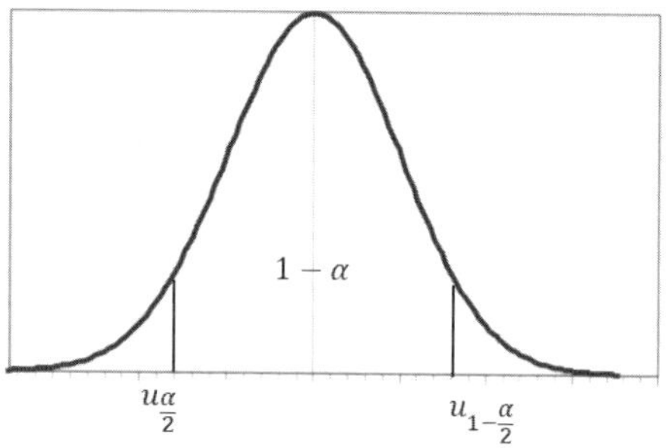

In den beiden Enden außerhalb des Intervalls befindet sich aus Symmetriegründen jeweils eine Wahrscheinlichkeit von $\frac{\alpha}{2}$. Das Intervall reicht also vom $\frac{\alpha}{2}$-Quantil bis zum $\left(1-\frac{\alpha}{2}\right)$-Quantil. Das $\frac{\alpha}{2}$-Quantil ist aus Symmetriegründen das Negative des $\left(1-\frac{\alpha}{2}\right)$-Quantils, welches sich in der Tabelle der Standardnormalverteilung einfach nachschlagen lässt. Es gilt also für eine beliebige standardnormalverteilte Zufallsvariable Z:

$$P\left(-u_{1-\frac{\alpha}{2}} \leq Z \leq u_{1-\frac{\alpha}{2}}\right) = 1-\alpha$$

Wenn wir bedenken, dass sich dieses Z durch Standardisierung aus einer beliebig normalverteilten Zufallsvariablen ergibt, können wir schreiben:

$$P\left(-u_{1-\frac{\alpha}{2}} \leq \frac{X-\mu}{\sigma} \leq u_{1-\frac{\alpha}{2}}\right) = 1-\alpha$$

Elementare Umformung ergibt:

$$P\left(\mu - u_{1-\frac{\alpha}{2}} \cdot \sigma \leq \mathrm{X} \leq \mu + u_{1-\frac{\alpha}{2}} \cdot \sigma\right) = 1-\alpha$$

Hieraus folgt:

$$P\left(X - u_{1-\frac{\alpha}{2}} \cdot \sigma \leq \mu \leq X + u_{1-\frac{\alpha}{2}} \cdot \sigma\right) = 1-\alpha$$

Wenn wir jetzt noch bedenken, dass es sich bei der Zufallsvariablen bei uns speziell um das arithmetische Mittel von Zufallsvariablen handelt mit dem o.g. Erwartungswert und der o.g. Standardabweichung, erhalten wir:

$$P\left(\overline{\mathrm{X}} - u_{1-\frac{\alpha}{2}} \cdot \frac{\sigma}{\sqrt{n}} \leq \mu \leq \overline{\mathrm{X}} + u_{1-\frac{\alpha}{2}} \cdot \frac{\sigma}{\sqrt{n}}\right) = 1-\alpha$$

Unser beidseitiges $(1-\alpha)$-Konfidenzintervall für den Erwartungswert lautet also:

$$\left[\overline{\mathrm{X}} - u_{1-\frac{\alpha}{2}} \cdot \frac{\sigma}{\sqrt{n}}; \overline{\mathrm{X}} + u_{1-\frac{\alpha}{2}} \cdot \frac{\sigma}{\sqrt{n}}\right]$$

Ist unser Konfidenzintervall nur an einer Seite begrenzt, ändern sich unsere Überlegungen ein wenig. Wollen wir ein Intervall schätzen, durch das sichergestellt ist, dass unser zu schätzender Parameter *mindestens* einen bestimmten Wert annimmt, dann muss unsere Schätzgröße *unter* einer bestimmten Grenze liegen, nämlich mit der Sicherheitswahrscheinlichkeit $1-\alpha$:

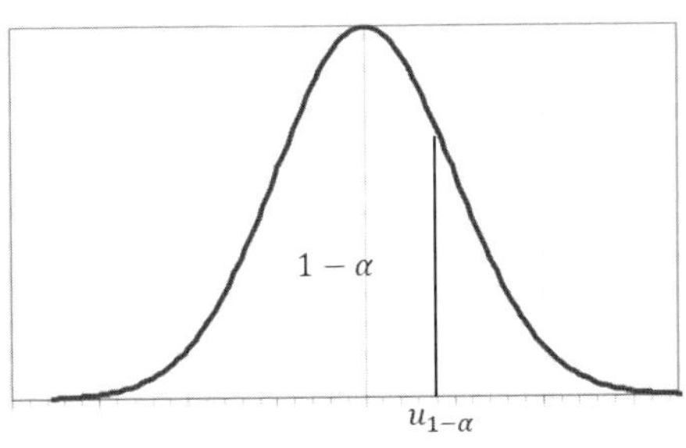

Wir können also schließen:

$$P\left(Z \le u_{1-\alpha}\right) = 1-\alpha$$

$$\Rightarrow P\left(\frac{X-\mu}{\sigma} \le u_{1-\alpha}\right) = 1-\alpha$$

$$\Rightarrow P\left(\mathrm{X} \le \mu + u_{1-\alpha} \cdot \sigma\right) = 1-\alpha$$

$$\Rightarrow P\left(\mu \ge X - u_{1-\alpha} \cdot \sigma\right) = 1-\alpha$$

Handelt es sich bei der Zufallsvariablen also speziell um das arithmetische Mittel, erhalten wir folgendes Konfidenzintervall:

$$\left[\overline{X} - u_{1-\alpha} \cdot \frac{\sigma}{\sqrt{n}} ;\infty\right[$$

Mit einer Wahrscheinlichkeit von $1-\alpha$ nimmt der Erwartungswert also mindestens den Wert

$$\overline{X} - u_{1-\alpha} \cdot \frac{\sigma}{\sqrt{n}}$$

an.

Genau anders herum ist unsere Argumentation, wenn es um einen Maximalwert geht. Wenn der Erwartungswert *maximal* eine bestimmte Größe haben soll, dann muss unsere Schätzgröße *über* einer bestimmten Grenze liegen.

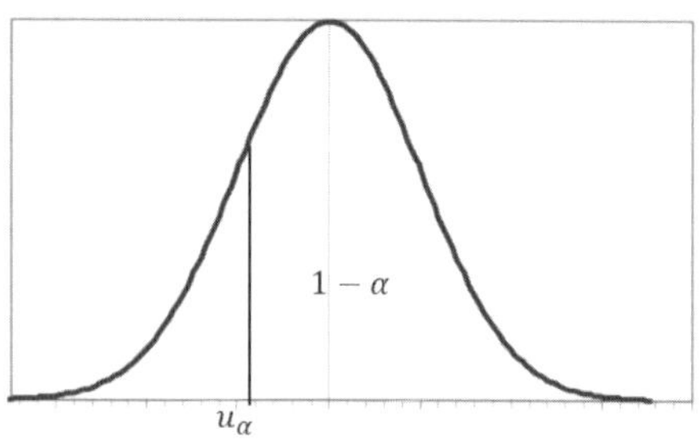

Jetzt gilt nämlich (wobei wir wieder die Symmetrie der Standardnormalverteilung ausnutzen):

$$P(Z > u_\alpha) = 1 - \alpha$$

$$\Rightarrow P\left(\frac{X-\mu}{\sigma} > u_\alpha\right) = 1 - \alpha$$

$$\Rightarrow P(X > \mu + u_\alpha \cdot \sigma) = 1 - \alpha$$

$$\Rightarrow P(X > \mu - u_{1-\alpha} \cdot \sigma) = 1 - \alpha$$

$$\Rightarrow P(\mu \leq X + u_{1-\alpha} \cdot \sigma) = 1 - \alpha$$

Handelt es sich bei der Zufallsvariablen also speziell um das arithmetische Mittel, erhalten wir folgendes Konfidenzintervall:

$$\left]-\infty\,; \overline{X} + u_{1-\alpha} \cdot \frac{\sigma}{\sqrt{n}}\right]$$

Mit einer Wahrscheinlichkeit von $1-\alpha$ nimmt der Erwartungswert also höchstens den Wert

$$\overline{X} + u_{1-\alpha} \cdot \frac{\sigma}{\sqrt{n}}$$

an.

Unsere vorstehenden Ausführungen gelten allerdings nur für den Fall, dass die Standardabweichung σ der Grundgesamtheit bekannt ist. Falls nicht, muss sie aus der Stichprobe geschätzt werden. Der Schätzwert der Varianz lautet:

$$s^2 = \frac{1}{n-1} \cdot \sum_{j=1}^{n} \left(x_j - \overline{x}\right)^2$$

Dass die Summe bei der Stichprobenvarianz durch n - 1 und nicht wie bei der beschreibenden Statistik durch n geteilt wird, liegt darin begründet, dass es sich um einen erwartungstreuen Schätzer handeln muss. (Schauen Sie in der Literatur Ihres Vertrauens nach.)

Wenn jetzt aber die Standardabweichung sich aus der Wurzel der Summe der Quadrate von normalverteilten Größen ergibt, ist $\frac{X-\mu}{s}$ keine normalverteilte Größe mehr, sondern unterliegt der sogenannten Student- oder t-Verteilung. Wir müssen beim Nachschauen der Quantile also die Tabellen dieser Verteilung benutzen. Die Student-Verteilung hat einen Parameter υ, die sogenannten Freiheitsgrade. Da wir aus einer Stichprobe mit n Werten einen Wert schätzen, haben wir n – 1 Freiheitsgrade. Die Tabellen der Student-Verteilung unterscheiden zwischen dem einseitigen und dem zweiseitigen Fall und geben beide Male das Konfidenzniveau $1-\alpha$ an. Die Konfidenzintervalle lauten also:

$$\left[\overline{X} - u_{1-\alpha} \cdot \frac{\sigma}{\sqrt{n}} ; \overline{X} + u_{1-\alpha} \cdot \frac{\sigma}{\sqrt{n}}\right]$$

$$\left[\overline{X} - u_{1-\alpha} \cdot \frac{\sigma}{\sqrt{n}} ; \infty\right[$$

$$\left]-\infty ; \overline{X} + u_{1-\alpha} \cdot \frac{\sigma}{\sqrt{n}}\right]$$

Wenn allerdings die Stichprobe größer als 30 ist, können wir statt der Student-Verteilung wieder die Normalverteilung nehmen.

Aufgabe 81

Gegeben seien die folgenden Werte:

77, 65, 80, 85, 78, 70, 77, 73

Gehen Sie davon aus, dass diese Werte normalverteilt sind mit einer Varianz von 25. Bestimmen Sie das beidseitige 95 %-Konfidenzintervall für den Erwartungswert!

Aufgabe 82

Gegeben seien die folgenden Werte:

30, 28, 25, 26, 28, 27, 28, 24

Gehen Sie davon aus, dass diese Werte normalverteilt sind.

a) Bestimmen Sie den Punktschätzer für den Erwartungswert!

b) Bestimmen Sie das zweiseitige 95 %-Konfidenzintervall für den Erwartungswert!

Aufgabe 83

Zwei Statistik-Kurse wollen ihre Durchschnittsnoten miteinander vergleichen. Im ersten Kurs befinden sich 27 Studenten, im zweiten Kurs 16. Zur schnellen Berechnung werden nur die Noten von jeweils vier Studenten berücksichtigt.

a) Die Noten der vier Studenten im ersten Kurs sind: 1,6/2,3/3,1/4,0. Wie hoch ist der Durchschnittswert? In welchem (beidseitigen) Intervall befindet sich die tatsächliche Durchschnittsnote des Kurses mit einer Wahrscheinlichkeit von 90 %?

b) Wie groß ist die Wahrscheinlichkeit, dass die vier zufällig aus dem zweiten Kurs ausgesuchten Studenten genau die vier sind, die in diesem Kurs eine glatte 2 geschrieben haben?

Aufgabe 84

25 Studenten einer Hochschule werden nach ihrem Alter befragt. Es ergibt sich ein Durchschnittswert von 21 Jahren bei einer Standardabweichung von 0,5. Wie groß ist das Höchstalter der Studenten mit einer Wahrscheinlichkeit von 90 %?

Aufgabe 85

Aus einem Wirtschaftsinformatik-Kurs werde zehn Studenten nach ihrer Punktzahl in der Mathe-Klausur befragt. Sie antworten:

86/53/76/92/90/82/77/46/88/80

Wie viele Punkte haben die Studenten dieses Kurses im Schnitt mindestens, wenn man von einer Irrtumswahrscheinlichkeit von 5 % ausgeht?

Aufgabe 86

Ein Kunde bestellt bei uns Metallstifte, die 10 cm lang sein sollen. Eine Toleranz von plus/minus einem halben mm wird geduldet. Eine Stichprobe ergibt folgende Längen:

10,01/10,07/10,04/9,91/9,95/10,02/9,99/10,03

Können wir mit einer Wahrscheinlichkeit von 95 % davon ausgehen, dass unsere Lieferung akzeptiert wird?

Aufgabe 87

Beschriften Sie folgende Diagramme für die Anwendung zur Berechnung der Konfidenzintervalle mit einer Irrtumswahrscheinlichkeit α

a) für den beidseitigen Fall,

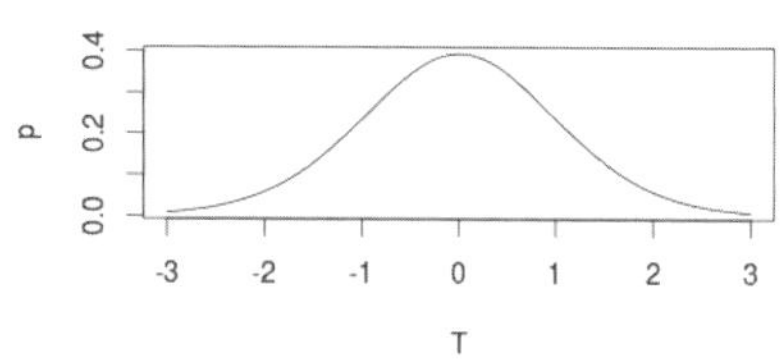

b) für den rechtsseitigen Fall.

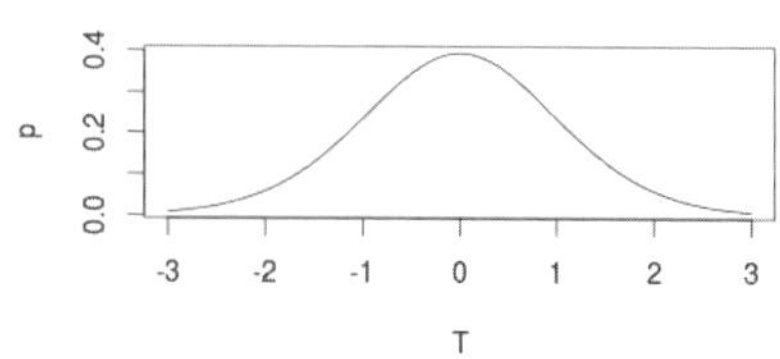

Aufgabe 88

Zur Qualitätskontrolle wurde von der Tagesproduktion von Batterien eine Stichprobe gezogen. Tests ergaben bei dieser Stichprobe eine mittlere Lebensdauer von 80 Stunden. Die Standardabweichung der Lebensdauer in der Stichprobe war acht Stunden. Bestimmen Sie das beidseitige 95 %-Konfidenzintervall, wenn die Stichprobe

a) aus 25 Batterien bestand,

b) aus 51 Batterien bestand.

Aufgabe 89

In verschiedenen Supermärkten werden Kartoffeln in 2,5 kg-Beuteln gekauft. Die tatsächlich gemessenen Inhalte in kg waren: 2,5/2,7/2,4/2,5/2,3. Wieviel befindet sich mit einer Wahrscheinlichkeit von 90 % mindestens in einem Beutel, wenn

a) bekannt ist, dass die Abfüllanlage des Bauern eine Standardabweichung von 0,1 kg hat?

b) Über die Standardabweichung nichts bekannt ist?

Aufgabe 90

Bei einer Untersuchung von 10 zufällig gekauften Erdbeermarmeladen wurde jeweils folgender Fruchtanteil (in g) festgestellt:

52/49/50/48/52/51/49/48/50/47

Welcher durchschnittliche Fruchtanteil befindet sich mit einer Wahrscheinlichkeit von 99 % maximal in einer Marmelade?

Aufgabe 91

Die Körpergrößen einer zufällig ausgewählten Anzahl von Studierenden wurde ermittelt. Beobachtet wurde eine durchschnittliche Körpergröße von 178 cm bei einer Standardabweichung von 9 cm. In welchem Intervall befindet sich die Körpergröße aller Studenten mit einer Wahrscheinlichkeit von 99 %, wenn

zufällig 20 Studenten ausgewählt wurden?

zufällig 40 Studenten ausgewählt wurden?

Aufgabe 92

Bei einer Studiengruppe von 35 Studierenden wurde festgestellt, dass sie im Schnitt 500,00 EUR im Monat verdienen, wobei die Standardabweichung 80,00 EUR war. Wie groß ist der Mindestverdienst aller Studierenden der Hochschule mit einer Wahrscheinlichkeit von 90 %?

5.1.2 Testtheorie

Bei der Testtheorie geht es darum, eine Hypothese bezüglich eines Parameters einer Verteilung zu überprüfen. Analog zum vorigen Abschnitt soll es auch hier um den Erwartungswert gehen.

Wie wir aus der Wissenschaftstheorie wissen, ist eine Verifikation sehr schwierig, Falsifikation aber möglich. Insofern müssen wir darauf achten, die Hypothese so zu formulieren, dass sie möglichst abgelehnt wird. (Also ist das Gegenteil der von uns formulierten Hypothese das, was wir eigentlich zeigen möchten.)

Die Hypothese, die wir untersuchen, wird Nullhypothese (oder kurz H_0) genannt. Diese wird abgelehnt, wenn das Ergebnis des Tests so weit vom erwarteten Ergebnis abweicht, dass diese Abweichung nicht mehr auf Zufall zurückzuführen ist. Und diesen Zufall berücksichtigen wir dadurch, dass wir eine Irrtumswahrscheinlichkeit von α erlauben, das sogenannte Signifikanzniveau. Damit ist gemeint die Wahrscheinlichkeit, dass wir die Nullhypothese ablehnen, obwohl sie richtig ist (auch genannt: Fehler 1. Art).

Der zweite Fehler, den wir machen können (richtig: Fehler 2. Art oder auch β-Fehler), wäre, die Nullhypothese nicht abzulehnen, obwohl sie falsch ist.

Wir gehen wie bei der Schätztheorie von einer normalverteilten Grundgesamtheit aus, und unsere Nullhypothese soll sein: $H_0 : \mu = \mu_0$. Es gibt drei Möglichkeiten, was die Alternative H_1 sein kann.

- Erstens: $H_1 : \mu < \mu_0$. Das bedeutet, größere Werte für den Erwartungswert sind in Ordnung, wir wollen also zeigen, dass der Erwartungswert mindestens eine bestimmte Höhe hat.
- Zweitens: $H_1 : \mu > \mu_0$. Hier verhält es sich genau andersherum.
- Drittens: $H_1 : \mu \neq \mu_0$. Hier muss der Erwartungswert innerhalb eines bestimmten Bereiches liegen.

Unsere Testgröße für den Erwartungswert lautet:

$$t_0 = \frac{\overline{x} - \mu_0}{\frac{\sigma}{\sqrt{n}}}$$

Wir erkennen hier wieder die Standardisierung der Normalverteilung. Wie im Fall der Schätztheorie müssen wir unterscheiden, ob die Standardabweichung der Grundgesamtheit bekannt ist oder nicht. Wenn ja, dann setzen wir in die Formel die bekannte Standardabweichung σ ein und stellen unsere Testgröße den Quantilen der Standardnormalverteilung gegenüber:

Wir verwerfen unsere Hypothese $H_0 : \mu = \mu_0$ zugunsten der Alternative

- $H_1 : \mu < \mu_0$, wenn $t_0 < -u_{1-\alpha}$
- $H_1 : \mu > \mu_0$, wenn $t_0 > u_{1-\alpha}$
- $H_1 : \mu \neq \mu_0$, wenn $|t_0| > u_{1-\frac{\alpha}{2}}$

ist. Bei unbekannter Standardabweichung muss diese (bzw. die Varianz) zuerst geschätzt werden aus den Daten der Stichprobe:

$$s^2 = \frac{1}{n-1} \cdot \sum_{j=1}^{n} \left(x_j - \overline{x}\right)^2$$

Die Quantile, mit denen unsere Testgröße verglichen wird, sind jetzt natürlich nicht mehr die der Standardnormalverteilung, sondern die der Student-Verteilung mit $n-1$ Freiheitsgraden. (Dabei müssen wir im dritten

Fall daran denken, dass wenn die Tabelle der Student-Verteilung den beidseitigen Fall explizit ausweist, müssen wir in diesem Teil das $(1-\alpha)$-Quantil suchen.)

Aufgabe 93

Ein Fabrikant möchte seinem Zulieferer nachweisen, dass die Durchmesser der gelieferten Muttern außerhalb der Toleranz von 2 cm liegen.

a) Was wäre eine geeignete Nullhypothese?

b) Was wären in diesem Beispiel die Fehler 1. und 2. Art?

Aufgabe 94

Eine Stichprobe von 10 Elementen einer normalverteilten Grundgesamtheit mit Standardabweichung 0,5 liefert ein arithmetisches Mittel von 19,8. Testen Sie zum Signifikanzniveau $\alpha = 0{,}02$:

a) Nullhypothese $H_0: \mu = 20$ gegen die Alternative $H_1: \mu \neq 20$

b) Nullhypothese $H_0: \mu = 20$ gegen die Alternative $H_1: \mu < 20$

c) Nullhypothese $H_0: \mu = 20$ gegen die Alternative $H_1: \mu > 20$

Aufgabe 95

Die Spannung im Stromnetz hat einen Sollwert von 220 V mit einer Standardabweichung von 0,2. An sieben Tagen wurde die Spannung ermittelt:

Tag	1	2	3	4	5	6	7
Spannung	220,2	219,7	218,9	221,1	220,5	220,9	219,5

Testen Sie bei einem Signifikanzniveau von 0,02:

Nullhypothese $H_0: \mu = 220$ gegen die Alternative $H_1: \mu \neq 220$

Aufgabe 96

Bei einem Test auf Dichtigkeit dürfen einem Kanister maximal 15 ml Flüssigkeit entweichen. Man weiß aus der Vergangenheit, dass die Standardabweichung 0,05 beträgt.

Bei fünf Kontrollen wurden folgende entwichene Flüssigkeitsmengen ermittelt:

Test	1	2	3	4	5
Menge	15,5	16	14,7	14,3	14,9

Da ja kleinere entwichene Mengen unproblematisch sind, testen wir zu einem Signifikanzniveau von $\alpha = 0{,}05$:

Nullhypothese $H_0: \mu = 15$ gegen die Alternative $H_1: \mu > 15$

Aufgabe 97

Eine Stichprobe von 10 Elementen ergab ein arithmetisches Mittel von $\overline{x} = 998{,}5$ und eine Standardabweichung von $s = 2{,}25$. Testen Sie zum Signifikanzniveau $\alpha = 0{,}05$:

Nullhypothese $H_0: \mu = 1000$ gegen die Alternative $H_1: \mu \neq 1000$

Aufgabe 98

Eine Stichprobe von 30 Elementen ergab ein arithmetisches Mittel von $\overline{x} = 998{,}5$ und eine Standardabweichung von $s = 2{,}25$. Testen Sie zum Signifikanzniveau $\alpha = 0{,}05$:

Nullhypothese $H_0: \mu = 1000$ gegen die Alternative $H_1: \mu \neq 1000$

Aufgabe 99

Der Hersteller einer Maschine zur Schraubenproduktion behauptet, die produzierten Schrauben hätten eine durchschnittliche Länge von 30 mm. Eine Stichprobe von 25 Schrauben ergab ein arithmetisches Mittel von $\overline{x} = 29{,}75$ und eine Standardabweichung von $s = 0{,}63$. Testen Sie zum Signifikanzniveau $\alpha = 0{,}05$:

Nullhypothese $H_0: \ \mu = 30$ gegen die Alternative $H_1: \ \mu \neq 30$

Aufgabe 100

Zucker wird in 1000 g-Packungen verkauft. Der Kauf einer Stichprobe von fünf Packungen ergab folgende Mengen:

Packung	1	2	3	4	5
Menge	950	1020	910	1010	970

Testen Sie bei einem Signifikanzniveau von $\alpha = 0{,}05$:

Nullhypothese $H_0: \ \mu = 1000$ gegen die Alternative $H_1: \ \mu < 1000$

Wir machen diesen einseitigen Test, da wir ja gegen größere Mengen in einer Packung nichts einzuwenden haben.

5.2 Lösungen

Lösung zu Aufgabe 81

Der Punktschätzer für den Erwartungswert ist das arithmetische Mittel:

$$\overline{X} = \frac{1}{n} \cdot \sum_{j=1}^{n} x_j = 75{,}625$$

Die Varianz der Grundgesamtheit ist bekannt, also benötigen wir die Normalverteilung. Aus $1-\alpha = 0{,}95$ folgt $\alpha = 0{,}05$, wir benötigen also für das Konfidenzintervall das Quantil $u_{1-\frac{\alpha}{2}} = u_{0{,}975} = 1{,}96$. (Das entnehmen wir der

Tabelle der Standardnormalverteilung, indem wir schauen, welcher Wert zu einer Wahrscheinlichkeit von 0,975 gehört.) Unser Konfidenzintervall lautet also:

$$\left[\overline{X}-u_{1-\frac{\alpha}{2}}\cdot\frac{\sigma}{\sqrt{n}};\overline{X}+u_{1-\frac{\alpha}{2}}\cdot\frac{\sigma}{\sqrt{n}}\right]=\left[75{,}625-1{,}96\cdot\frac{5}{\sqrt{8}};75{,}625+1{,}96\cdot\frac{5}{\sqrt{8}}\right]$$
$$=\left[72{,}160;79{,}090\right]$$

Lösung zu Aufgabe 82

Der Punktschätzer für den Erwartungswert ist das arithmetische Mittel:

$$\overline{X}=\frac{1}{n}\cdot\sum_{j=1}^{n}x_j=27$$

Da die Varianz nicht bekannt ist, müssen wir sie schätzen.

$$s^2=\frac{1}{n-1}\cdot\sum_{j=1}^{n}\left(x_j-\overline{x}\right)^2=3{,}5714\Rightarrow s=1{,}890$$

Da $n<30$ ist, benötigen also die Student-Verteilung und nicht die Normalverteilung. Der Tabelle der Student-Verteilung entnehmen wir für $1-\alpha=0{,}95$ im beidseitigen Fall mit 7 Freiheitsgraden einen Wert von 2,365, also lautet das Konfidenzintervall:

$$\left[\overline{X}-u_{1-\alpha}\cdot\frac{\sigma}{\sqrt{n}};\overline{X}+u_{1-\alpha}\cdot\frac{\sigma}{\sqrt{n}}\right]=\left[27-2{,}365\cdot\frac{1{,}890}{\sqrt{8}};27+2{,}365\cdot\frac{1{,}890}{\sqrt{8}}\right]$$
$$=\left[25{,}4197;28{,}5803\right]$$

Lösung zu Aufgabe 83

a) Als erstes berechnen wir das arithmetische Mittel als Punktschätzer für die Durchschnittsnote:

$$\overline{X}=\frac{1}{n}\cdot\sum_{j=1}^{n}x_j=2{,}75$$

Da die Varianz unbekannt ist, müssen wir auch sie schätzen:

$$s^2 = \frac{1}{n-1} \cdot \sum_{j=1}^{n} \left(x_j - \overline{x}\right)^2 = 1{,}07 \Rightarrow s = 1{,}034$$

Wir benötigen nun die Tabelle der Student-Verteilung mit drei Freiheitsgraden, beidseitiger Fall für $1-\alpha = 0{,}9$. Wir lesen einen Wert von 2,353 ab. Damit liegt die Durchschnittsnote des Kurses mit einer Wahrscheinlichkeit von 90 % in folgendem Intervall:

$$\left[\overline{\mathrm{X}} - u_{1-\alpha} \cdot \frac{\sigma}{\sqrt{n}} ; \overline{\mathrm{X}} + u_{1-\alpha} \cdot \frac{\sigma}{\sqrt{n}}\right] = \left[2{,}75 - 2{,}353 \cdot \frac{1{,}034}{\sqrt{4}} ; 2{,}75 + 2{,}353 \cdot \frac{1{,}034}{\sqrt{4}}\right]$$
$$= \left[1{,}533 ; 3{,}967\right]$$

Das ist nun in der Tat kein besonders aussagekräftiges Ergebnis.

b) Zugegeben, mit Schätztheorie hat diese Aufgabe nichts zu tun, aber wir wollen ja gedanklich nicht einrosten. Wir müssen uns zurückerinnern an die diskreten Wahrscheinlichkeitsverteilungen. Hier brauchen wir die hypergeometrische Verteilung: Die 16 Schüler werden eingeteilt in die vier, die eine 2 geschrieben haben, und die 12, die keine 2 geschrieben haben.

$$P(X=2) = \frac{\binom{4}{4} \cdot \binom{12}{0}}{\binom{16}{4}} = \frac{1}{1820}$$

Lösung zu Aufgabe 84

Diesmal wird nach einem einseitigen Konfidenzintervall für ein Höchstalter gesucht. Nach unseren obigen Ausführungen ist das $(1-\alpha)$-Konfidenzintervall

$$\left]-\infty ; \overline{X} + u_{1-\alpha} \cdot \frac{\sigma}{\sqrt{n}}\right]$$

Erwartungswert und Standardabweichung sind gegeben, der Tabelle der Standardnormalverteilung entnehmen wir $u_{0,9} = 1{,}285$. Also ist das gesuchte Höchstalter:

$$\overline{X} + u_{1-\alpha} \cdot \frac{\sigma}{\sqrt{n}} = 21 + 1{,}285 \cdot \frac{0{,}5}{\sqrt{25}} = 21{,}1285$$

Lösung zu Aufgabe 85

Wir müssen die durchschnittliche Punktzahl (arithmetisches Mittel) und die Varianz schätzen (da nicht gegeben):

$$\overline{X} = \frac{1}{n} \cdot \sum_{j=1}^{n} x_j = 77$$

$$s^2 = \frac{1}{n-1} \cdot \sum_{j=1}^{n} \left(x_j - \overline{x}\right)^2 = 240{,}889 \Rightarrow s = 15{,}521$$

Da wir die Varianz schätzen mussten, benötigen wir nun die Tabelle der Student-Verteilung. Wir haben es zu tun mit einem einseitigen Fall, $1-\alpha = 0{,}95$ bei neun Freiheitsgraden. Wir lesen ab: $u_{0,95} = 1{,}833$. Damit lautet das Konfidenzintervall:

$$\left[\overline{X} - u_{1-\alpha} \cdot \frac{\sigma}{\sqrt{n}} ;\infty\right[= \left[77 - 1{,}833 \cdot \frac{15{,}521}{\sqrt{10}} ;\infty\right[$$

Im Schnitt haben die Studenten des Kurses also mindestens 68 Punkte.

Lösung zu Aufgabe 86

Der Kunde akzeptiert also Metallstifte, deren Längen im Intervall [9,95: 10,05] liegen. Unsere Aufgabe ist es nun, zu den vorgegebenen Werten das 95 %-Konfidenzintervall zu konstruieren. Wenn das komplett im Toleranzbereich liegt, wird unsere Lieferung akzeptiert. Dazu müssen wir das arithmetische Mittel berechnen und den Schätzer für die Varianz bestimmen. Letzteres sagt uns zugleich, dass wir die Student-Verteilung benutzen müssen.

$$\overline{X} = \frac{1}{n} \cdot \sum_{j=1}^{n} x_j = 10{,}0025$$

$$s^2 = \frac{1}{n-1} \cdot \sum_{j=1}^{n} \left(x_j - \overline{x}\right)^2 = 0{,}00265 \Rightarrow s = 0{,}0515$$

Das 95 %-Quantil für den beidseitigen Fall der Student-Verteilung mit sieben Freiheitsgraden lautet $u_{0,95} = 2{,}365$. Damit lautet das Konfidenzintervall:

$$\left[\overline{\mathrm{X}} - u_{1-\alpha} \cdot \frac{\sigma}{\sqrt{n}} ; \overline{\mathrm{X}} + u_{1-\alpha} \cdot \frac{\sigma}{\sqrt{n}}\right]$$
$$= \left[10{,}0025 - 2{,}365 \cdot \frac{0{,}0515}{\sqrt{8}} ; 10{,}0025 + 2{,}365 \cdot \frac{0{,}0515}{\sqrt{8}}\right]$$
$$= \left[9{,}9594 ; 10{,}0456\right]$$

Das Konfidenzintervall liegt also komplett im Toleranzbereich, daher können wir mit einer Wahrscheinlichkeit von 95 % davon ausgehen, dass unsere Lieferung akzeptiert wird.

Lösung zu Aufgabe 87

Die Abbildungen und Erklärungen sind am Anfang des Kapitels zu finden.

Lösung zu Aufgabe 88

a) Wir kennen die Standardabweichung der Grundgesamtheit nicht, sondern nur den aus der Stichprobe ermittelten Schätzwert. Damit brauchen wir zur Bestimmung des Konfidenzintervalls das beidseitige 95 %-Quantil der Student-Verteilung mit 24 Freiheitsgraden:

$$\left[\overline{\mathrm{X}} - u_{1-\alpha} \cdot \frac{\sigma}{\sqrt{n}} ; \overline{\mathrm{X}} + u_{1-\alpha} \cdot \frac{\sigma}{\sqrt{n}}\right] = \left[80 - 2{,}046 \cdot \frac{8}{\sqrt{25}} ; 80 + 2{,}046 \cdot \frac{8}{\sqrt{25}}\right]$$
$$= \left[76{,}7264 ; 83{,}2736\right]$$

b) Streng genommen benötigen wir hier auch die Student-Verteilung, diesmal die mit 50 Freiheitsgraden. Es ergibt sich ein Konfidenzintervall von:

$$\left[\overline{X}-u_{1-\alpha}\cdot\frac{\sigma}{\sqrt{n}};\overline{X}+u_{1-\alpha}\cdot\frac{\sigma}{\sqrt{n}}\right]=\left[80-2{,}009\cdot\frac{8}{\sqrt{51}};80+2{,}009\cdot\frac{8}{\sqrt{51}}\right]$$
$$=\left[77{,}7495;82{,}2505\right]$$

Da aber die Größe der Stichprobe über 30 liegt, genügt es, wenn wir die Normalverteilung nehmen:

$$\left[\overline{X}-u_{1-\frac{\alpha}{2}}\cdot\frac{\sigma}{\sqrt{n}};\overline{X}+u_{1-\frac{\alpha}{2}}\cdot\frac{\sigma}{\sqrt{n}}\right]=\left[80-1{,}96\cdot\frac{8}{\sqrt{51}};80+1{,}96\cdot\frac{8}{\sqrt{51}}\right]$$
$$=\left[77{,}8044;82{,}1956\right]$$

Wir sehen, dass die Abweichung zum Ergebnis der Student-Verteilung praktisch unerheblich ist.

Lösung zu Aufgabe 89

a) Dies ist wegen der bekannten Standardabweichung der Grundgesamtheit ein Fall für die Normalverteilung, wobei $1-\alpha=0{,}9$ ist. Wir beginnen mit der Berechnung des arithmetischen Mittels:

$$\overline{X}=\frac{1}{n}\cdot\sum_{j=1}^{n}x_j=2{,}48$$

Gesucht ist das Konfidenzintervall mit einem Mindestwert, also links abgeschlossen, wobei wir der Tabelle der Standardnormalverteilung entnehmen, dass $u_{0,9}=1{,}285$ ist:

$$\left[\overline{X}-u_{1-\alpha}\cdot\frac{\sigma}{\sqrt{n}};\infty\right[=\left[2{,}48-1{,}285\cdot\frac{0{,}1}{\sqrt{5}};\infty\right[=\left[2{,}423;\infty\right[$$

Es befinden sich also mit einer Wahrscheinlichkeit von 90 % mindestens 2,423 kg in einem Beutel.

b) Hier müssen wir die Varianz bzw. Standardabweichung schätzen und die einseitige Student-Verteilung mit vier Freiheitsgraden nehmen.

$$s^2 = \frac{1}{n-1} \cdot \sum_{j=1}^{n} \left(x_j - \overline{x}\right)^2 = 0{,}022 \Rightarrow s = 0{,}1483$$

Mit einem Wert von $u_{0,9} = 1{,}533$ aus der Tabelle erhalten wir:

$$\left[\overline{X} - u_{1-\alpha} \cdot \frac{\sigma}{\sqrt{n}}\,;\infty\right[= \left[2{,}48 - 1{,}533 \cdot \frac{0{,}1483}{\sqrt{5}}\,;\infty\right[= \left[2{,}378\,;\infty\right[$$

Wir können diesmal mit einer Wahrscheinlichkeit von 90 % nur sagen, dass mindestens 2,378 kg in einem Beutel sind.

Lösung zu Aufgabe 90

Zunächst benötigen wir die Punktschätzer für Erwartungswert und Varianz:

$$\overline{X} = \frac{1}{n} \cdot \sum_{j=1}^{n} x_j = 49{,}6$$

$$s^2 = \frac{1}{n-1} \cdot \sum_{j=1}^{n} \left(x_j - \overline{x}\right)^2 = 2{,}933 \Rightarrow s = 1{,}713$$

Da wir die Varianz geschätzt haben, benötigen wir die Student-Verteilung mit neun Freiheitsgraden, einseitiger Fall, Konfidenzniveau 0,99: $u_{0,99} = 2{,}821$. Damit lautet das Konfidenzintervall:

$$\left]-\infty\,;\overline{X} + u_{1-\alpha} \cdot \frac{\sigma}{\sqrt{n}}\right] = \left]-\infty\,;49{,}6 + 2{,}821 \cdot \frac{1{,}713}{\sqrt{10}}\right] = \left]-\infty\,;51{,}128\right]$$

Die Käufer, die die Gläser mit 52 g erwischt haben, haben also Glück gehabt.

Lösung zu Aufgabe 91

a) Da die Standardabweichung aus der Stichprobe ermittelt wurde, benötigen wir hier die Student-Verteilung, beidseitig, 19 Freiheitsgrade, $u_{0,99} = 2{,}861$. Das Konfidenzintervall lautet:

$$\left[\overline{X} - u_{1-\alpha} \cdot \frac{\sigma}{\sqrt{n}} ; \overline{X} + u_{1-\alpha} \cdot \frac{\sigma}{\sqrt{n}}\right] = \left[178 - 2{,}861 \cdot \frac{9}{\sqrt{19}} ; 178 + 2{,}861 \cdot \frac{9}{\sqrt{19}}\right]$$
$$= [172{,}093 ; 183{,}907]$$

b) Da die Stichprobe größer als 30 ist, können wir die Normalverteilung benutzen. Da $\alpha = 0{,}01$ ist, wissen wir, dass $1 - \frac{\alpha}{2} = 0{,}995$. Das entsprechende Quantil laut Tabelle der Normalverteilung ist 2,575. Das Konfidenzintervall lautet:

$$\left[\overline{X} - u_{1-\frac{\alpha}{2}} \cdot \frac{\sigma}{\sqrt{n}} ; \overline{X} + u_{1-\frac{\alpha}{2}} \cdot \frac{\sigma}{\sqrt{n}}\right] = \left[178 - 2{,}575 \cdot \frac{9}{\sqrt{40}} ; 178 + 2{,}575 \cdot \frac{9}{\sqrt{40}}\right]$$
$$= [174{,}336 ; 181{,}664]$$

Lösung zu Aufgabe 92

Die Standardabweichung bezieht sich zwar nur auf die Gruppe (also eine Stichprobe aller Studierenden), die Stichprobe ist aber so groß, dass wir die Normalverteilung benutzen können. Es ist nach dem Mindestverdienst gefragt, also lautet das Konfidenzintervall ($u_{0,9} = 1{,}285$ nach der Tabelle der Normalverteilung):

$$\left[\overline{X} - u_{1-\alpha} \cdot \frac{\sigma}{\sqrt{n}} ; \infty\right[= \left[500 - 1{,}285 \cdot \frac{80}{\sqrt{35}} ; \infty\right[$$

Damit verdienen die Studierenden mit einer Wahrscheinlichkeit mehr als 482,62 EUR im Monat. Wenn das keine gute Nachricht ist!

Lösung zu Aufgabe 93

a) $H_0: \mu = 2$ mit einem zweiseitigen Test.

b) Fehler 1. Art: Der Test ergibt, dass die Durchmesser außerhalb der Toleranz liegen, obwohl sie es doch tun.

Fehler 2. Art: Der Test ergibt, dass die Durchmesser innerhalb der Toleranz liegen, obwohl sie es nicht tun.

Lösung zu Aufgabe 94

Die Testgröße lautet:

$$t_0 = \frac{\bar{x} - \mu_0}{\frac{\sigma}{\sqrt{n}}} = \frac{19{,}8 - 20}{\frac{0{,}5}{\sqrt{10}}} = -1{,}2649$$

Die Standardabweichung ist bekannt, also brauchen wir die Quantile der Standardnormalverteilung.

a) $u_{1-\frac{\alpha}{2}} = u_{0,99} = 2{,}325 > 1{,}2649$, wir können die Hypothese nicht verwerfen.

b) $-u_{1-\alpha} = -u_{0,98} = -2{,}056 < -1{,}2649$, wir verwerfen die Hypothese.

c) $u_{1-\alpha} = u_{0,98} = 2{,}056 > -1{,}2649$, wir können die Hypothese nicht verwerfen.

Lösung zu Aufgabe 95

Wir berechnen aus den Werten das arithmetische Mittel:

$$\bar{x} = 220{,}1143$$

Damit lautet die Testgröße:

$$t_0 = \frac{\bar{x} - \mu_0}{\frac{\sigma}{\sqrt{n}}} = \frac{220{,}1143 - 220}{\frac{0{,}2}{\sqrt{7}}} = 1{,}512$$

$$u_{1-\alpha} = u_{0,98} = 2{,}056 > 1{,}512$$

wir können die Hypothese nicht verwerfen.

Lösung zu Aufgabe 96

Die Standardabweichung ist bekannt, also spielt die Normalverteilung die entscheidende Rolle.

Wir berechnen aus den Werten das arithmetische Mittel:

$$\overline{x} = 15{,}08$$

Damit lautet die Testgröße:

$$t_0 = \frac{\overline{x} - \mu_0}{\frac{\sigma}{\sqrt{n}}} = \frac{15{,}08 - 15}{\frac{0{,}05}{\sqrt{5}}} = 3{,}5777$$

Das 95 %-Quantil der Standardnormalverteilung lautet:

$u_{1-\alpha} = u_{0,95} = 1{,}645 < 3{,}5777$, wir verwerfen also die Hypothese.

Lösung zu Aufgabe 97

Die Testgröße lautet:

$$t_0 = \frac{\overline{x} - \mu_0}{\frac{\sigma}{\sqrt{n}}} = \frac{998{,}5 - 1000}{\frac{2{,}25}{\sqrt{10}}} = -1{,}0673$$

Das beidseitige $(1-\alpha)$-Quantil der Studentverteilung mit neun Freiheitsgraden ist 2,262

$$|-1{,}0673| \leq 2{,}262$$

Also können wir die Hypothese nicht verwerfen.

Lösung zu Aufgabe 98

Die Testgröße lautet:

$$t_0 = \frac{\overline{x} - \mu_0}{\frac{\sigma}{\sqrt{n}}} = \frac{998{,}5 - 1000}{\frac{2{,}25}{\sqrt{30}}} = -3{,}6515$$

Das beidseitige $(1-\alpha)$-Quantil der Studentverteilung mit 29 Freiheitsgraden ist 2,045

$$\left|-3{,}6515\right| > 2{,}045$$

Also lehnen wir die Hypothese ab.

Lösung zu Aufgabe 99

Die Testgröße lautet:

$$t_0 = \frac{\overline{x} - \mu_0}{\frac{\sigma}{\sqrt{n}}} = \frac{29{,}75 - 30}{\frac{0{,}63}{\sqrt{25}}} = -1{,}9841$$

Das beidseitige $(1-\alpha)$-Quantil der Studentverteilung mit 24 Freiheitsgraden ist 2,064

$$\left|-1{,}9841\right| \leq 2{,}064$$

Wir weisen also die Behauptung zurück.

Lösung zu Aufgabe 100

Wir berechnen zunächst arithmetisches Mittel und Varianz:

$$\overline{x} = 972$$

$$s^2 = \frac{1}{n-1} \cdot \sum_{j=1}^{n} \left(x_j - \overline{x}\right)^2 = 2020 \Rightarrow s = 94{,}9444$$

Die Testgröße lautet:

$$t_0 = \frac{\overline{x} - \mu_0}{\frac{\sigma}{\sqrt{n}}} = \frac{972 - 1000}{\frac{94,9444}{\sqrt{5}}} = -0,2786$$

Wir lehnen die Hypothese ab, wenn $t_0 < -u_{1-\alpha}$, wobei es das einseitige Quantil der Student-Verteilung mit vier Freiheitsgraden ist.

$$u_{1-\alpha} = u_{0,95} = 2,132$$

Jetzt gilt: $-0,2786 \geq -2,132$, also lehnen wir die Hypothese nicht ab.